国际时尚设计丛书·服装

# 时装设计元素：

# 结构与工艺

（第2版）

[德]安妮特·费舍尔（Anette Fischer）
[英]基兰·戈宾（Kiran Gobin） 著
赵阳 张艾莉 译
郭平建 审校

中国纺织出版社

# 内 容 提 要

服装制作是服装和时尚设计的基础，涉及设计与技术两个方面。《时装设计元素：结构与工艺》一书将引领读者经历服装设计和制作的全过程，向读者展示服装的板型制作、人体模型立体裁剪等技巧，直到最终制作成立体、真实的服装。本书还介绍了基本的服装缝纫工艺，并配有极具启发性的插图。本书通过对世界知名品牌设计师、制板师等服装行业人员进行访谈，希望在为读者提供如何融入时尚业、提高技术水平等从业经验和技巧的同时，引起读者的兴趣，激发出创造完美服装成品的灵感。

原书英文名：Construction for Fashion Design, second edition
原书作者名：Anette Fischer, Kiran Gobin

**著作权合同登记号：图字：01–2018–1436**

**图书在版编目（CIP）数据**

时装设计元素：结构与工艺 /（德）安妮特·费舍尔，（英）基兰·戈宾著；赵阳，张艾莉译 .--2 版 .-- 北京：中国纺织出版社，2019.1
（国际时尚设计丛书·服装）
ISBN 978-7-5180-5685-9

Ⅰ. ①时… Ⅱ. ①安… ②基… ③赵… ④张… Ⅲ. ①服装—结构设计 Ⅳ. ① TS941.2

中国版本图书馆 CIP 数据核字（2018）第 259036 号

策划编辑：孙成成　　责任编辑：苗　苗　　责任校对：楼旭红　　责任印制：王艳丽

中国纺织出版社出版发行
地址：北京市朝阳区百子湾东里A407号楼　邮政编码：100124
销售电话：010—67004422　传真：010—87155801
http://www.c-textilep.com
E-mail:faxing @c-textilep.com
中国纺织出版社天猫旗舰店
官方微博http://weibo.com/2119887771
北京华联印刷有限公司印刷　各地新华书店经销
2010年7月第1版　2019年1月第2版第4次印刷
开本：710 × 1000　1/16　印张：12.5
字数：158千字　定价：69.80元

巴黎世家（Balenciaga），2016秋冬系列

# 目 录

## Chapter 1



## Chapter 2



## Chapter 3



## Chapter 4

# 导 言

"不要熄灭你的灵感和想象，不要成为楷模的奴隶。"

文森特·梵高（VincentVan Gogh）

服装制作是服装和时尚设计的基础，对于时装设计师而言，了解并掌握以平面设计（two-dimensional design）或纸样（pattern）为基础制作三维立体服装的技术是至关重要的，借此他们可以创造出优美的服装款式，能够让服装更加适合人们的身体。服装制作涉及技术与设计两个方面，服装设计师不仅需要决定在什么位置设置服装造型线、口袋、衣领，也需要决定如何处理服装的底边、廓型和结构以创造出独特的设计外观，让穿着者获得独一无二的体验。

本书《时装设计元素：结构与工艺》，将引领读者历经服装设计和制作的全过程，从最基本的面料裁剪到成品服装上的最微小细节的制作，为读者提供一个可以拓展的知识起点。它将向读者们展示服装的板型制作、人体模型立体裁剪以及使平面设计草图变的富有鲜活生命力的技巧，直至最终制作成立体、真实的服装。

本书还介绍了基本的服装缝纫工艺，展示了如何运用省道、衣袖、衣领、口袋以及面料裁剪等技术使服装设计更加富于变化。本书涉及的主题范围广泛，包括服装造型的历史、高级定制时装制作技术、部件缝纫以及相关的服装支撑和结构材料。每一章中还包括对一些业界领军人物的访谈实录和一些具体实操案例，以帮助读者更好地理解这些缝制技术。本书的结尾部分，还向大家介绍了一些服装后期的加工技术和一系列相关的可用资源，以期对那些想要深入探索时装设计元素的读者有所帮助。

此外，本书还配有极具启发性且简单易懂的插图，向读者清晰地介绍了成功的服装结构设计所需的基础技巧、基本知识和历史背景。希望这些内容能够引起读者的兴趣，并且能够激发出创造完美服装廓型和服装成品的灵感。

◀图克雷格·格林（Craig Green），2016春夏系列

# Chapter 1

# 入门

对设计师来说，了解服装如何从平面概念发展为三维立体实物的基本原理是很重要的。服装板型就是平面纸板或卡片模板，是设计师进行真正的面料裁剪和缝合的依据。

深入了解人的体型以及如何将测量出的身材尺寸转化为精确的板型至关重要。服装裁剪师的工作讲究精准，他们必须确保一旦布料被裁剪好，服装的各个部分就可以恰到好处地、精确地被缝合在一起。

本章从所需工具和器材开始介绍服装板型的剪裁。随后介绍板型剪裁的过程：包括廓型和比例的重要性；号型和放码以及如何进行准确的尺寸测量。在本章的结尾部分还向大家介绍了板型裁剪的基本模型和式样，并详细说明了尺寸测量与这些模型和式样的密切关系。

◀图1.1　洛克山达·埃琳西克（Roksanda Ilincic），2015秋冬系列

# 纸样裁剪所需工具与器材

使用合适的工具将使服装板型和纸样的裁剪制作事半功倍。这里将介绍几件关键的裁剪工具及器材。

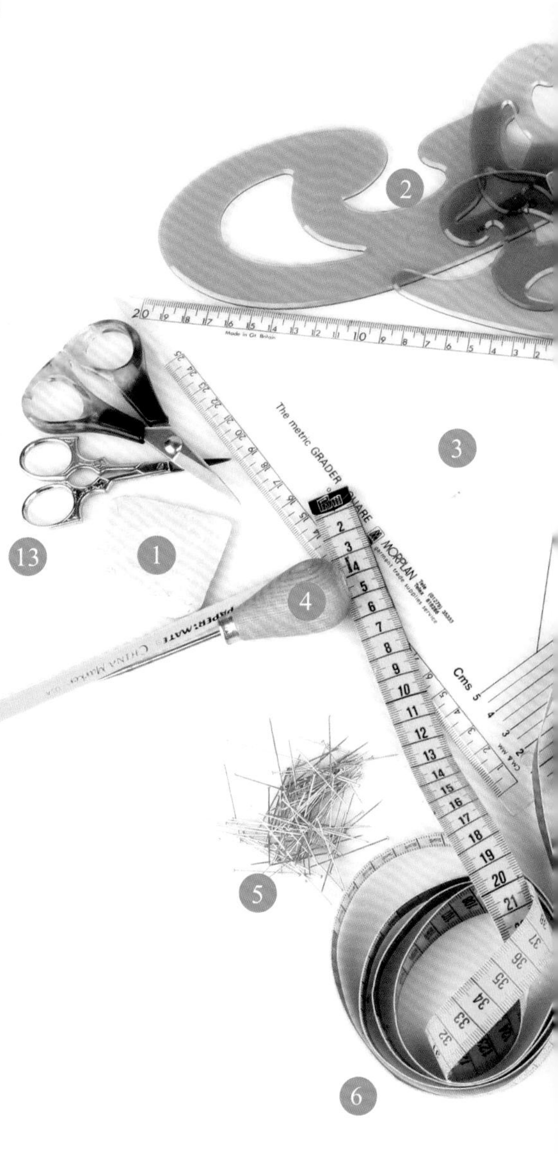


**划粉①**：用于标记线条或把纸样转移到面料上。

**曲线板三件套②**：用于绘制曲率半径不同的曲线，如绘制衣领和口袋上的曲线。

**43cm三角板③**：用于绘制直线的直角三角板，特别适合绘制90°角和45°角。

**木锥子④**：用于在纸样上钻孔并在布料上留下标记点。

**大头针⑤**：用于临时将纸张或布料固定在一起。

**卷尺⑥**：必备工具之一，主要用于测量人体尺寸，由于其可以曲卷的特性，适用性强，也可运用于曲线测量。

**纸样打孔器⑦**：用于在纸样上作标记，如省道、口袋或其他标记点。打孔器可以在纸样上打一个2~4mm的孔。打孔的位置可以用划粉或线标记在布料上。

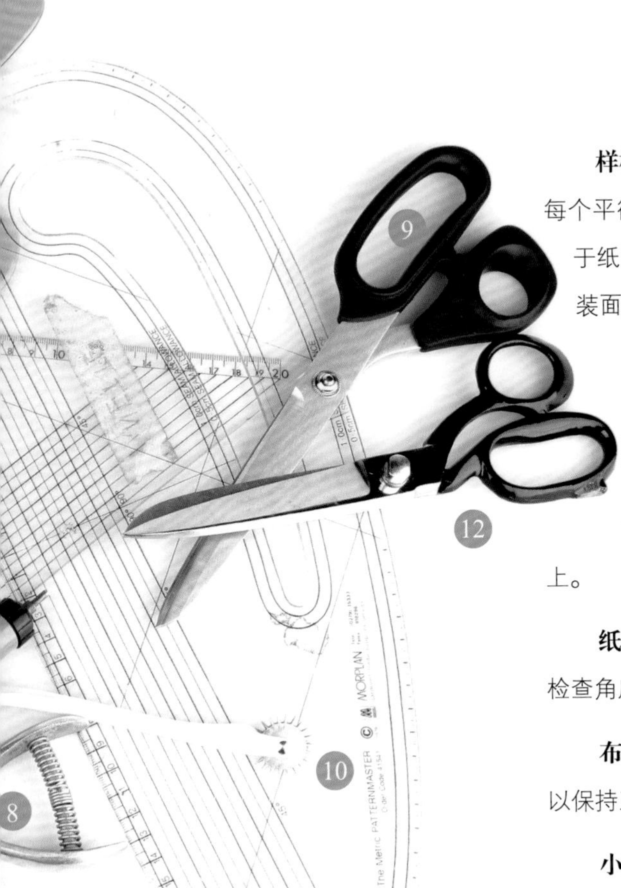


**样板打孔机⑧**：用于标记纸样边缘，在每个平衡点取一个小正方形。这种工具只用于纸样、塑料薄板或薄卡片，不能用于服装面料上。

**剪纸刀⑨**：顾名思义，仅用于剪纸，以保持刀口锋利。

**复描器⑩**：用于从纸或纸样上直接复描线条到它正下方的另一张纸上。

**纸样模板⑪**：用于绘制直线和曲线，并检查角度。

**布料剪刀/大剪刀⑫**：专用于裁剪布料，以保持刀口锋利。

**小剪刀⑬**：在缝纫中用于剪线，也可以用来拆掉缝错的线，尤其适用于非常精细和复杂的工作。

**铅笔**（图中未显示）：可以是自动铅笔或普通铅笔，为了确保线条清晰准确，铅笔的硬度不要比HB软。

**铝制米尺**（图中未显示）：必不可少的绘图工具，用来连接较长的直线。

# 廓型

人们对一件衣服的第一印象往往来自于服装的外形轮廓，也就是一件服装塑造出的整体造型。在整个服装设计和制作的过程中，设计师最先应该考虑的就是服装的外形轮廓，其后才是考虑诸如服装的细部、面料或质地之类的问题。

## *廓型的重要性*

廓型是整个服装设计过程初级阶段的基础，设计师通过服装廓型来确定突出人体的哪些部位以及为什么要这样做。这些决定一旦做出，裁剪师和设计师就要开始考虑如何将设计制作成实物，并在必要时，考虑如何使用加固材料和基础材料支撑并构造整件服装。有很多材料和技术可以用来塑造服装的廓型（参见第七章“服装支撑与服装结构”）。例如，使用垫肩来加宽服装的肩部，就可以实现视觉上细腰窄臀的感觉。

## *比例和人体线条*

比例是指整件服装各个组成部分搭配的相对关系和规格尺寸的协调。服装搭配可以让服装看上去凌乱不堪，或者和谐有序。例如，一件夹克搭配裙子和靴子会增强整个服装造型传达出的比例感和平衡感。

使用不同的设计方法，可以很容易地改变服装搭配的比例。例如，改变裙子的下摆、腰线、口袋、分割线或省道的位置就可以明显改善个人体形的宽度和长度的协调关系。此外，适当的面料质地和颜色也能增强服装裁剪和式样所传达出的整体效果。

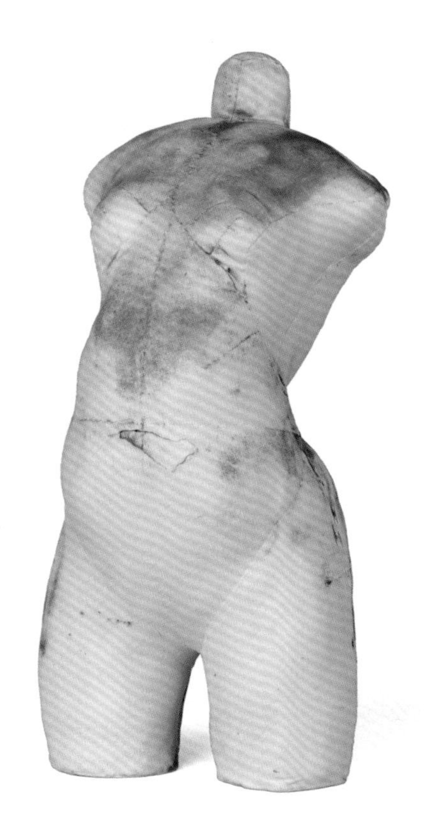

**图1.2 由海伦·曼利（Helen Manley）制作的陶瓷人体模型**

## 廓型的变化

有史以来，时尚始终是一个国家的财富、个人身份和文化的象征。想要更详细地了解服装的支撑和构造的历史，请参阅第七章“服装支撑与服装结构”的内容。

图1.3　西方历史上不断变化的时尚造型和比例

# 号型与放码

服装设计可以通过不同的裁剪和制作来满足每一位不同顾客的需求，也可以通过不同的尺码等级来适应不同身材尺寸的穿着者。无论使用哪种方式，对服装设计师而言，对号型和放码等级全面且详细的了解是必不可少的，只有这样才能制作出精美且合身的服装。设计师需要通过大量的练习才能将人体的比例准确地绘制到纸样上，再将其从纸样变为三维立体的服装，整个过程中，对细部的关注至关重要。

图1.4 卷尺对测量人体尺寸和确定放码等级非常重要

## 号型

女装号型包括对身高、胸围、腰围和臀围的测量。英国的女装号型从6码到22码（其中，最畅销的号型一般是10码、12码和14码），欧洲的女装号型从34码（相当于英国的6码）到52码，美国的女装号型则是从2码到18码。然而，随着时装产业变得越来越精细和复杂，也不难找到其他号型范围作为这些常用号型的补充，如娇小型、高挑型以及在全码尺寸基础上的半码尺寸。

而男装号型对上衣而言主要需关注胸围，对裤子而言则需要注意腰围及大腿内侧的尺寸（即下裆长）。衬衫的号型则是由颈围决定的。

对童装而言，主要的变量通常是儿童的身高，所以童装号型主要由年龄决定。

尽管每种号型的规格尺寸都可以从纸样裁剪相关图书里的图表中获得，但是如果可能的话，最好的方法仍是实际测量真实的模特。

## 放码

放码是根据一套确定的尺码测量数据（如英国的标准号型），通过对服装纸样重要标记点的尺寸进行缩放从而获得不同尺码的过程。放码是纸样裁剪中一个专业性非常强的领域，并不是很多专业人员都能够掌握这一技能。其秘诀就是要清楚地知道应对纸样的哪些部位做出适当的调整，以适应人的身材尺寸的变化。增加的尺寸在3~5cm之间变化，这取决于服装的基本尺码范围。

目前，多数服装生产商均使用英国标准号型表。该号型表最初是在20世纪50年代形成，后来经过多次修改以适应人们生活方式的改变对身材的影响。美国有自己的服装号型表，其他许多国家也根据本国的实际需要制定了自己的标准号型表。事实上，文化和饮食等因素会对一个国家人们的平均体型有很大影响。例如，北欧地区人们的体型一般都很高大，而远东地区人们的普遍身材比较矮小。出于这些原因，服装设计公司则必须仔细认真地考虑产品的目标市场的特点。

在对纸样进行放码时，必须确保所有对应的接缝、刀口和打孔标记的准确性和相互匹配。放码可以通过人工使用公制刻度三角板、纸样模型及直角尺等工具手工完成，也可以使用特定的电脑程序来完成，如力克（Lectra）或格柏（Gerber）等电脑软件程序。

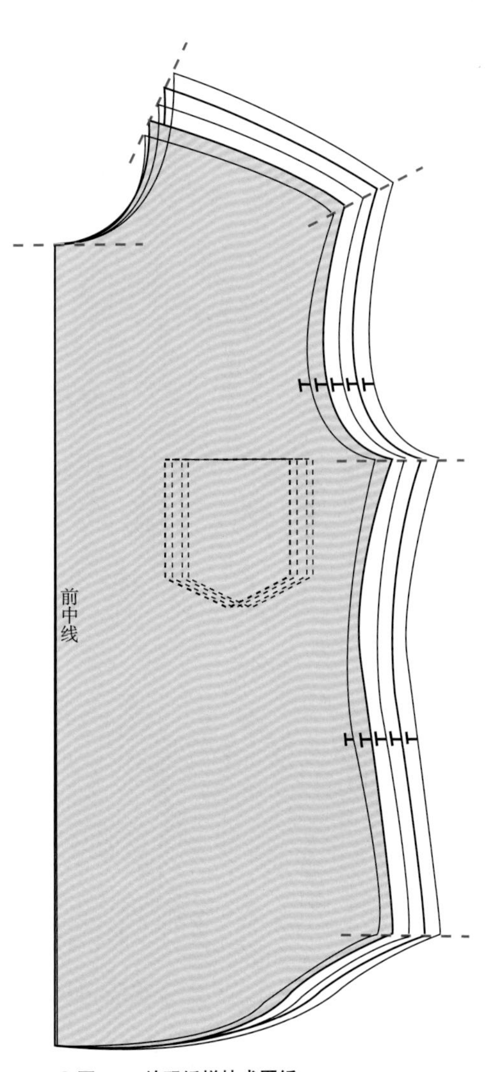


图1.5　放码纸样技术图纸

## 测量

**颈围①**：沿颈底部水平围量一周。

**肩宽②**：从侧颈点量至肩端点的长度。

**上胸围③**:水平围量腋下、胸部上方一周。

**胸围④**：水平围量胸部最高点一周。

**下胸围⑤**：水平围量胸部下方肋骨处一周。

**腰围⑥**：水平围量腰部最细处（自然腰线）一周。

**上臀围⑦**：水平围量腰线以下8~10cm处的腹部一周。

**臀围⑧**：水平围量髋关节最丰满处一周。

**臂长⑨**：从肩端点经过肘部一直量至腕部的长度（手臂轻微弯曲）。

**前腰长⑩**：从肩部和领口的交叉点，经过乳房最高点量至自然腰线的长度。

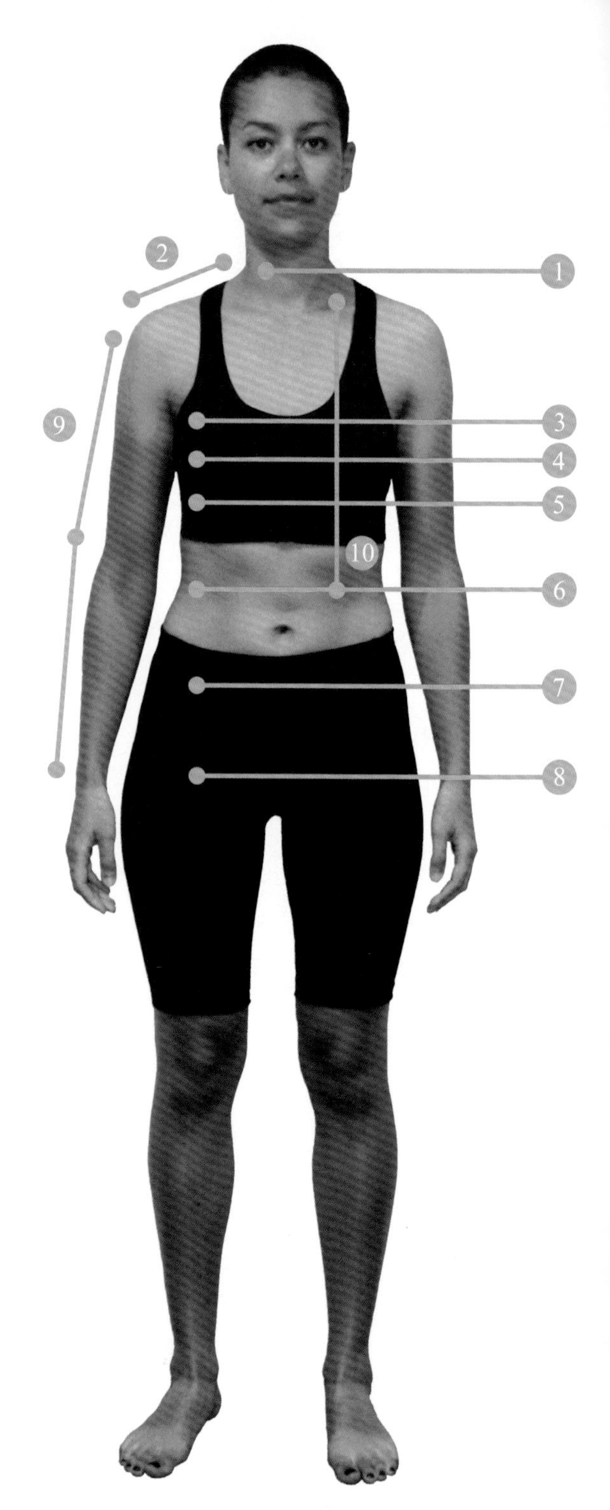

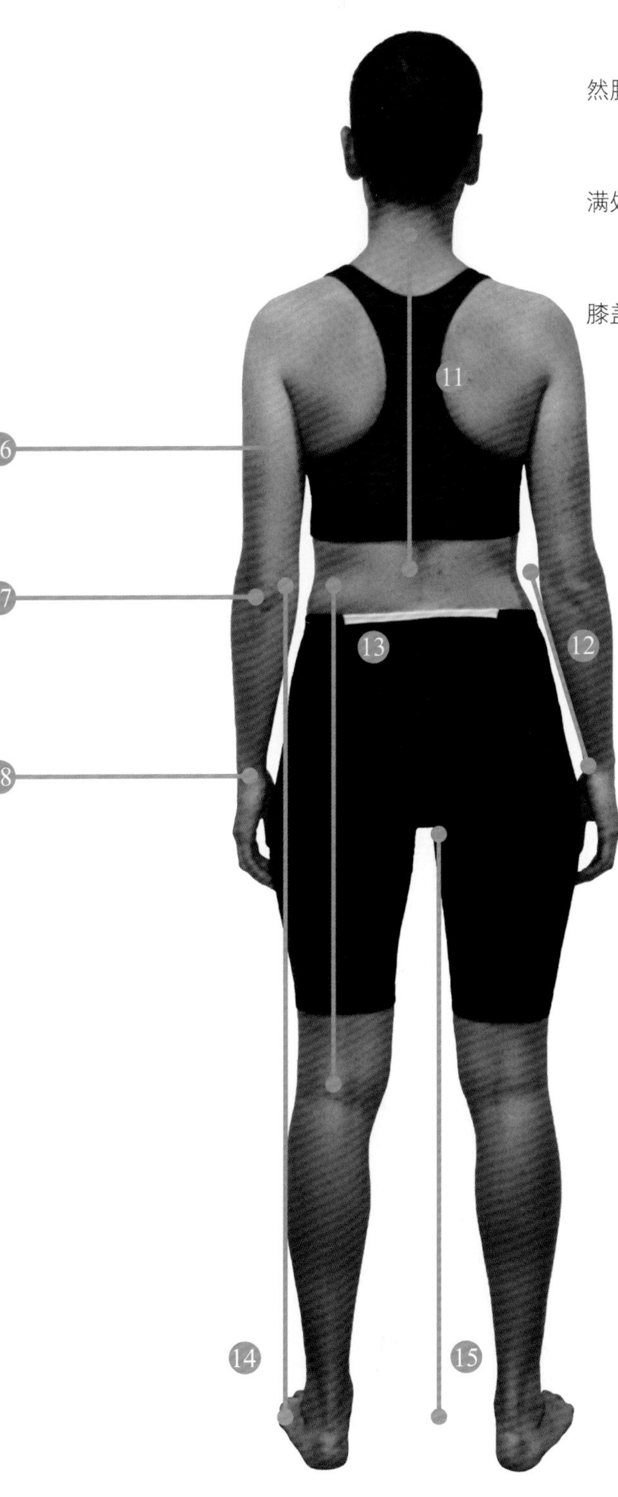


**背腰长⑪**：从后颈中点垂直量至自然腰线的长度。

**臀长⑫**：从自然腰线量至臀部最丰满处的长度。

**腰至膝长⑬**：从自然腰线垂直量至膝盖的长度。

**腰围高⑭**：从自然腰线垂直量至地板或脚踝外侧的长度。

**内侧长⑮**：从内侧裆部垂直量至地板或脚踝内侧的长度。

**上臂围⑯**：沿手臂最上部水平围量一周。

**肘围⑰**：沿肘部围量一周。

**腕围⑱**：沿手腕围量一周。

***测量尺寸***

使用卷尺测量人体的尺寸时，卷尺既不能拉得太紧也不能太松。

在进行服装设计时，有的时候需要参考更多具体的尺寸。假如想要设计一款带有紧身衣袖的衬衫，设计师则需要再考虑上臂围⑯、肘围⑰和腕围⑱的尺寸，这样才能避免出现袖子太紧或太松的情况。

# 板型与纸样

通过板型和纸样，设计师能够将平面的纸样或布料加工成立体的服装。他们先将板型或纸样平铺在布料上，然后根据它们裁剪布料，最后再把裁剪好的服装裁片用线缝合在一起。为了制作出精良的服装，设计师们必须充分了解和掌握所使用的技术，这样才能尽可能简单且准确地进行纸样裁剪。

## *板型*

板型（也叫尺寸样板）是最基本的服装式样的平面模板（如紧身上衣或合体裙装），它是更加精确的服装设计的基础。板型是根据服装号型表中的尺寸或者根据测量真实模特的人体尺寸来构建的，它无法显示出任何具体的造型线条或是用于缝合的松量（缝份）。

但是，为了保证服装穿着的舒适性，板型必须留有相应的松量，例如，紧身上衣基础板型的松量就不会像外套板型的松量那么大。一个合身的上衣基础板型会在设计草图时就在腰部和胸部留好省道，这样衣服才能合适，而较宽松的大衣板型则不需要这样做。

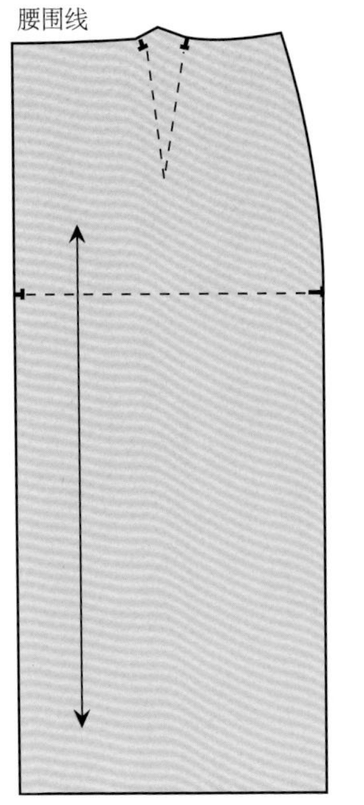
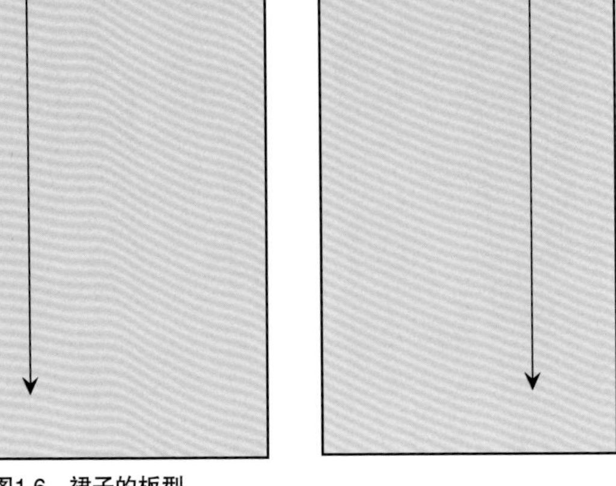


图1.6　裙子的板型

## 纸样

纸样是在板型的基础上形成的设计草图。设计师或者纸样裁剪师通过在板型上加入造型线条、褶裥、缩褶、口袋和其他细部来完成最初的纸样制作。

最终的纸样是由一系列不同形状的纸片构成的，把这些纸片放在服装面料上，然后按照这些纸片裁剪面料，最后再把裁剪好的服装裁片缝合在一起，一件立体的衣服就完成了。每个纸片都有与相邻纸片相对应的“凹口”或点，这使得无论是谁来制作服装都能够准确地将相应的服装裁片缝合在一起。这些纸片需要彼此非常准确地对位、匹配，否则会使缝制好的衣服看起来不合适，穿起来也不合身。

在对板型进行修改后，要把缝份添加到纸样中。为了优化纸样，需要制作一个坯布样衣（一种由价格低廉的布料如印花棉布制成的样衣），并将其试穿到真实的模特身上。在对样衣进行必要的修改调整后，即可以根据样衣制作最后的纸样了。

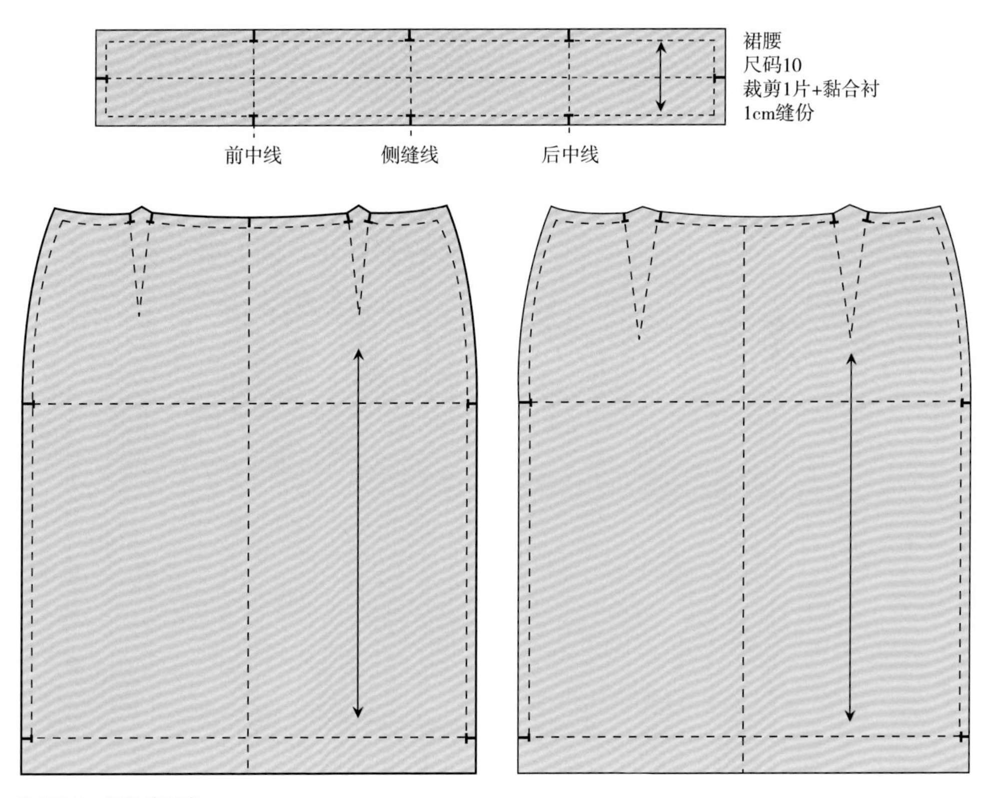


图1.7　纸样的形成

### 样衣

样衣是第一件用最终选用的面料制成的服装，它可能会在T台上展示或刊登于时装杂志上，或者在陈列室里展览。为适应模特的身材，女装样衣的一般号型在8~10码之间（美国的6~8码）。而且在订货会结束后，样衣一般会存放在公司的档案储藏室里。有时，设计师们会将过去收藏的一些服装样衣拿出来拍照或参加服装博览会等活动，而且它们也能作为设计参考，给未来的时装设计带来灵感。

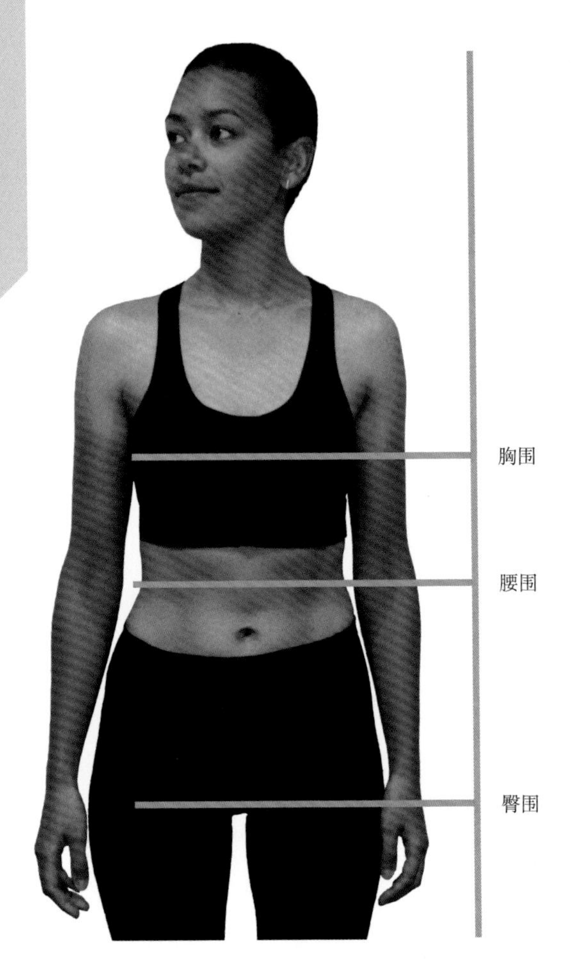


图1.8 板型和相应人体部位的测量

## 尺寸测量与板型制作的关系

无论是测量人体尺寸还是使用尺码表中的尺码，主要的测量数据（包括胸围、腰围、臀长和臀围）必须能准确地反映出人的体型，这是服装设计必须要讲究的。

二次测量可以是测量个人的具体尺寸或是从尺码表中获得的尺码。例如，在绘制裙子的板型时，二次测量可能是测量裙子的长度。

省道可以被用来处理服装上多余的面料，在服装缝合时才能使服装呈现出设计的廓型。根据板型的性质和用途，也可以在板型上添加必要的曲线，以实现服装设计想要实现的廓型。

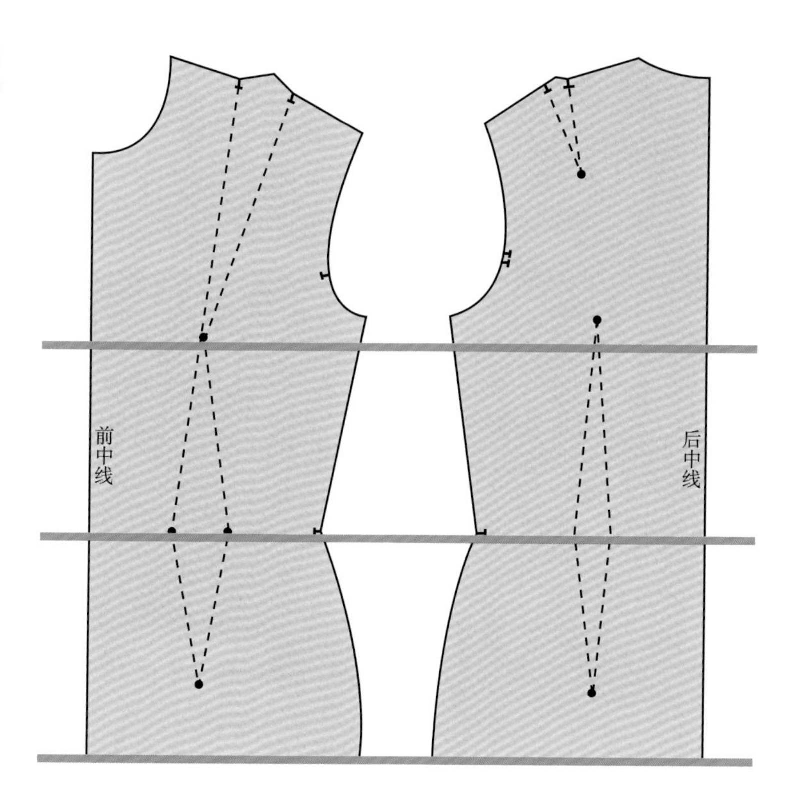


### *板型制作*

在制作定制服装或时装时，往往需要为个人专门制作一套服装板型。但设计公司往往会制作出很多套服装板型来完善自己服装设计的独特风格和设计理念。在制作板型时，需要清楚地知道以下信息：

服装设计的目标群体是妇女、儿童还是男人？

设计尺码中最小和最大的尺码分别是多少？

样衣的尺码是多少？

设计范围是什么，内衣、定制服装还是普通外套？

清楚地回答以上问题，更容易制作出合适的服装板型，而这些板型就是每一个服装系列最基本的款式。

## 从业者访谈

## 马丁·罗斯（Martine Rose），男装设计师

马丁是一位备受赞誉的伦敦男装设计师和咨询顾问。她设计的服装销往世界各地的服装店，如伦敦机械A独立概念店（Machine A），美国巴尼斯百货公司（Barney's）、开幕式连锁潮店（Opening Ceremony），巴黎Broken Arm概念店（Broken Arm），韩国Gr8潮牌集合店（Gr8）和好莱坞Joyrich时尚潮牌商店（Joyrich）等。马丁获得了著名的英国时装协会赞助的NEWGEN设计师大奖，在国际时尚平台上从事咨询工作，同时也为她的同名男装品牌进行服装设计。

### 你的设计方法是什么？

首先我要对自己想要设计的东西有感觉，就是寻找一种气氛或感受，然后我就根据这些想象中的图像，把这个故事一点点的构思出来。虽然这往往是一个包罗万象的主题，但有时想象中的图像要比实际的东西更能激发我对颜色或基调的思考。除此之外，我还会根据这个主题寻找一些过去的服装作品，并以此为基础来构建新的作品。我总是从一个整体的构思开始，然后才逐渐关注细部。

### 在你的设计工作中服装的制作过程重要吗？

服装的制作是非常重要的，因为我的设计更加倾向于探索服装的比例和体积。服装制作使我能将服装设计得比较夸张，但同时仍不失服装的基本功能和可穿性。

### 你从哪里开始研究需要的材料？

这个在很大程度上取决于我的研究、季节和我找寻的东西。然后，我通常会从我了解的一些供应商那里开始，寻找我所需要的面料或类似的材料，这个过程往往会带来一些意想不到的惊喜。

### 作为一名男装设计师，你怎么平衡细部与服装廓型的创新？

这的确很难，传统男装非常注重细部，比如口袋部分或是裁剪上的微小变化。然而，我的设计更多的来源于我对服装比例的感知，这往往会涉及很多细部的处理。但对于男装来说，最重要的还是服装的功能性、便捷性和舒适性，这一点与传统的服装是一样的。

### 你对其他设计师有什么建议吗？

要努力坚持下去，跟着直觉走并相信它，要勇敢一点并且得有一个好的会计师。

# 练习

## 板型、测量、工具及使用

1.了解服装制作会使用到的工具并练习如何使用它们，尝试以下操作：

- 用纸样板型或三角板绘制连续的直线。
- 再在这些线上添加1cm、0.7cm和0.5cm的缝份。
- 使用纸样板型和曲线板绘制曲线和圆。
- 将这些形状描绘到新的纸样上，并使用这些标记画出新的线条。

2.考虑设计的目标群体，并制作一套板型。测量真实的模特。制作以下板型，不用考虑缝份（也称为净样板）：

- 一个贴身板型
- 一个大衣板型
- 一个裤子板型

仔细检查并进行修改，将这些板型制作成纸样，作为后续练习和将来使用的板型。

3.熟悉工业缝纫机或家用缝纫机的使用和操作。确保缝纫机有合适的线轴和机器踏板，然后练习以下内容：

- 直线缝制
- 曲线和圆形缝制
- 改变针脚长度（针步）并测试张力

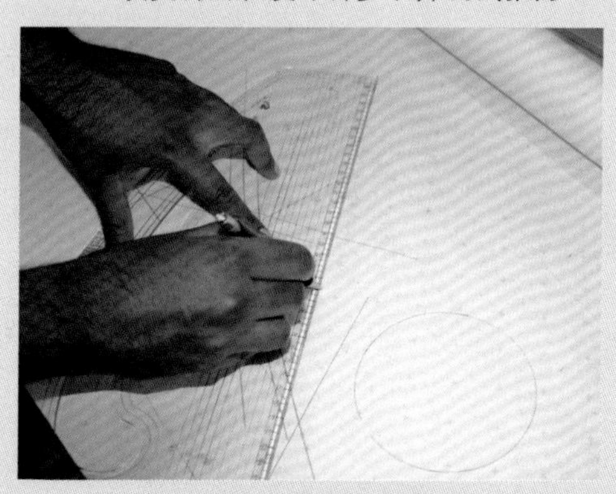

图1.9　用纸样板型练习画线

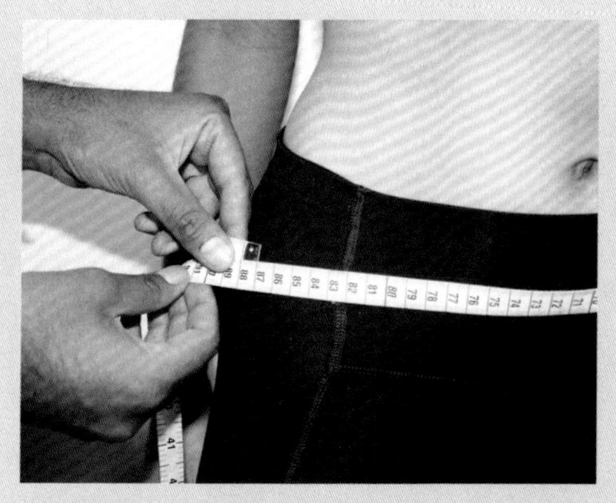

图1.10　测量人体尺寸

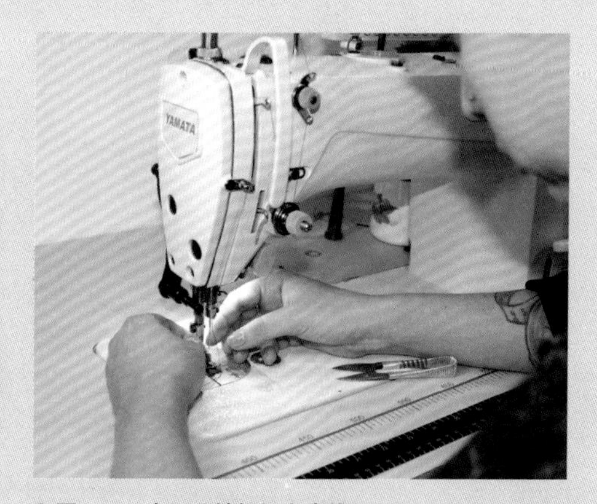

图1.11　在工业缝纫机上穿线

# Chapter 2

# 纸样裁剪

像所有的工艺技术一样，服装的纸样裁剪乍看起来难度非常大，让人望而却步，但是对其要遵循的规则（有时又是他们要打破的）有了最基本的了解之后，有悟性的设计师很快就能学习到有趣且富有挑战并充满创意的服装纸样的裁剪方法。在服装恰当的位置上画出合适的线条，需要大量的实践和经验。即便是有着二十多年纸样裁剪经验的老师傅也仍然可以从具体的裁剪过程中不断学习到许多新的东西，毕竟学无止境。这使得充满创意的服装纸样裁剪成为一个令人着迷的过程。

本章将向大家介绍板型草图的作用以及如何将板型草图转换成服装裁剪的纸样。同时，向大家介绍省道的操作处理以及口袋、衣领、衣袖的制作。此外，大家还能学习到 ·些相关的裁剪技巧和斜裁服装的技法，以及调试服装的过程，包括如何试制坯布样衣并根据具体情况对服装纸样进行修改、调整。最后，大家还能了解到不同的铺料方式和裁剪面料的方法。

◀图2.1　卡拉扬（Chalayan），2016春夏服装系列

# 如何解读设计图

对服装设计图的解读是使得服装纸样裁剪更加富于创造性并让人感到无比兴奋的原因所在。一旦服装的设计过程完成，随即开始的就是制作一件立体真实服装的过程，这是一个将鲜活的生命元素赋予平面设计图的神奇过程。能够设计出独特的服装造型，需要耗费很多时间和积累的经验。大家必须牢记，不勤加练习自身技能，就什么都不会发生，当然，如果第一次尝试失败了，也千万不要气馁，毕竟所有杰出的服装设计师和有创意的裁剪师都是经过千锤百炼才使自身的技能得以完善。

## *将设计图转变为服装板型*

将服装设计图转变成服装纸样需要裁剪师独具慧眼，重新审视服装的比例。大多数服装设计图中的人体比例是失真的。图中人体的腿和脖颈被拉得过长，身材显得非常纤细，这样的设计图看上去固然漂亮，令人欢欣鼓舞，但不幸的是这样的人体比例只是一种假象，而这一点也恰恰是服装裁剪师要解决的关键问题。通过绘制服装的技术图或者平面图可以帮助大家准确理解服装设计的比例问题。

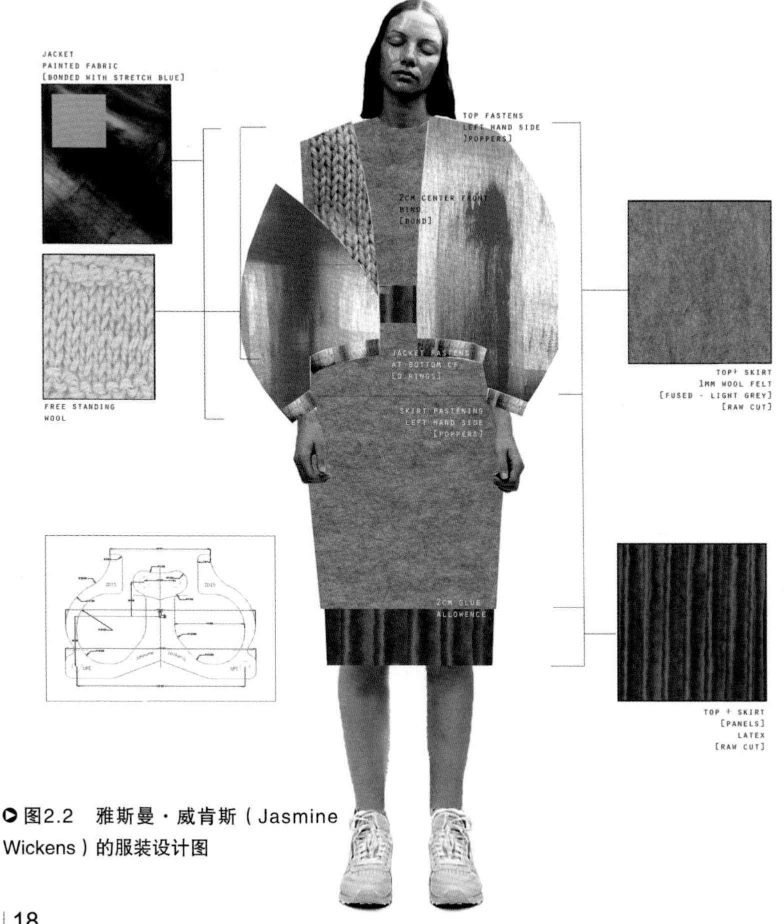


图2.2　雅斯曼·威肯斯（Jasmine Wickens）的服装设计图

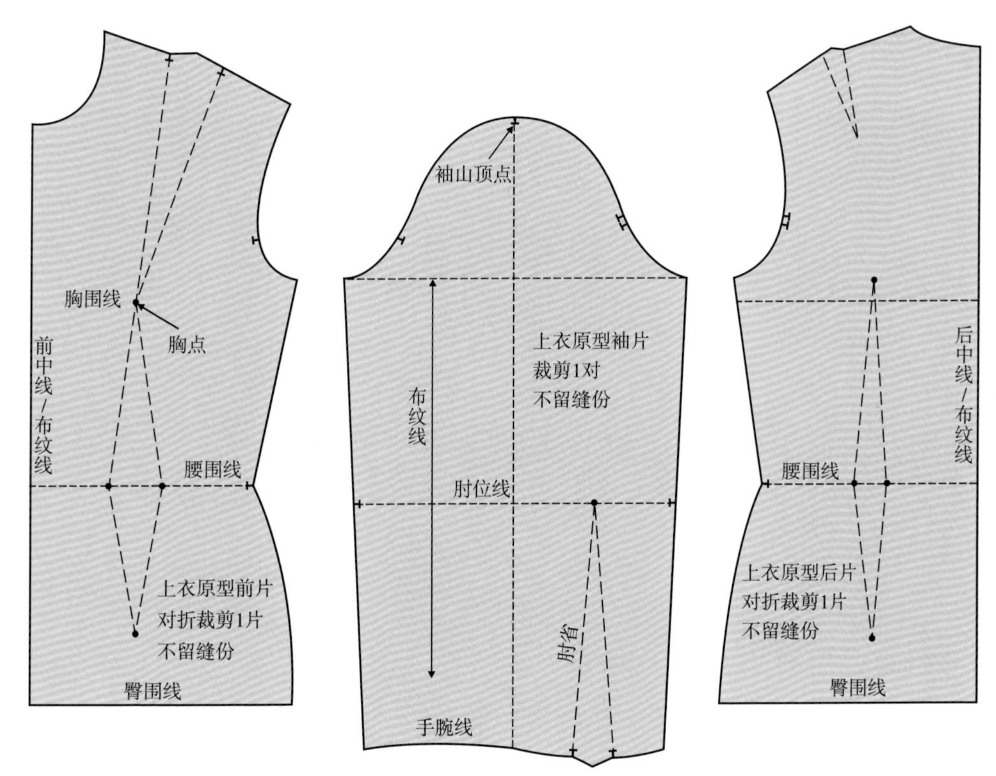


图2.3 上衣原型

## *如何在板型上做标记*

正确的信息对于板型和纸样裁剪非常重要。例如，上衣板型必须清楚地标记出衣服的胸围、腰围及臀围的水平线。板型上的一些部位，如腰围和胸围等处都应留有刀口或是打孔标记（打孔及打刀口意味着不同的服装裁片被缝合在一起的具体位置），同时，板型上必须标明面料的布纹方向，这样才能清楚地说明板型摆放在面料上的确切位置。在板型中间的部分，还应该清楚地写明一些必要的附加信息，包括衣片是前片还是后片的说明，是紧身还是宽松的板型说明以及样衣尺码等，而且最好在制作板型时就清楚地标明尺码及一些松量。

纸样制作完成后，必须添加缝份。缝份的宽窄变化较大，从领口的0.5cm(为了避免修剪接缝）缝份到裤子后中部的2.5cm(这样可以使腰部过紧时能放出一些）缝份。但要注意，被车缝在一起的缝份宽度应始终保持一致。在纸样上，必须清楚地标记出缝份的宽度。

一般情况下，板型还会被分割成若干块纸样，因此，还必须再次考虑除布纹方向、前后片信息（这些信息一般会全部转移至新纸样上）以外的其他信息的准确性。

## 如何在纸样上进行符号标记

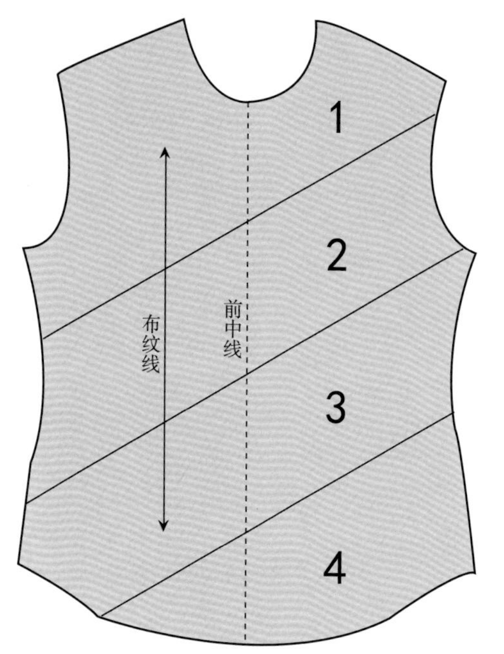


◆图2.4 为了避免混淆，在裁剪纸样前，要对各个部位进行数字符号的标记

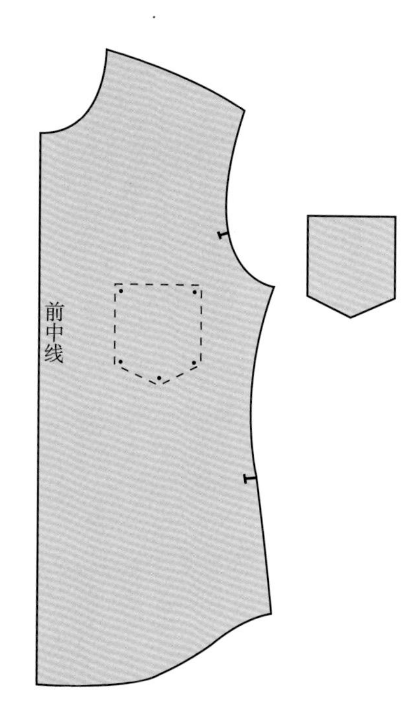


◆图2.5 在纸样上用打孔的方式对口袋等部位的确切位置进行标记

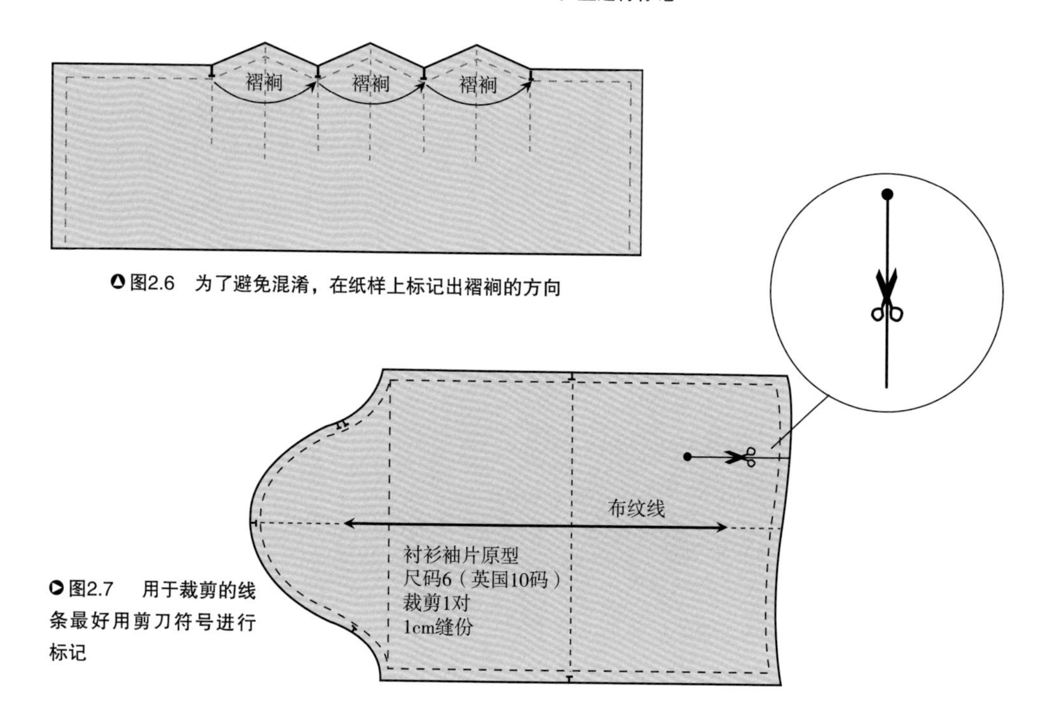


◆图2.6 为了避免混淆，在纸样上标记出褶裥的方向

◆图2.7 用于裁剪的线条最好用剪刀符号进行标记

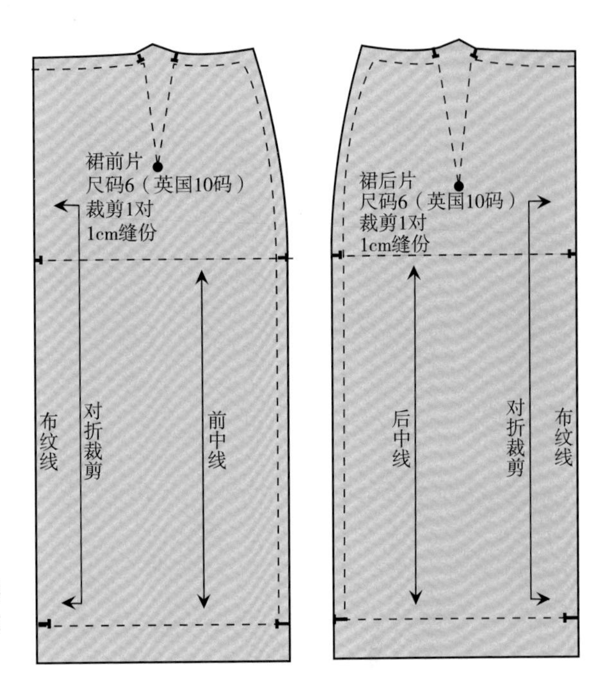


图2.8 若要对面料进行对折裁剪（不需要车缝），应清楚标记“对折裁剪”，否则应裁剪出两片镜面对等的服装裁片

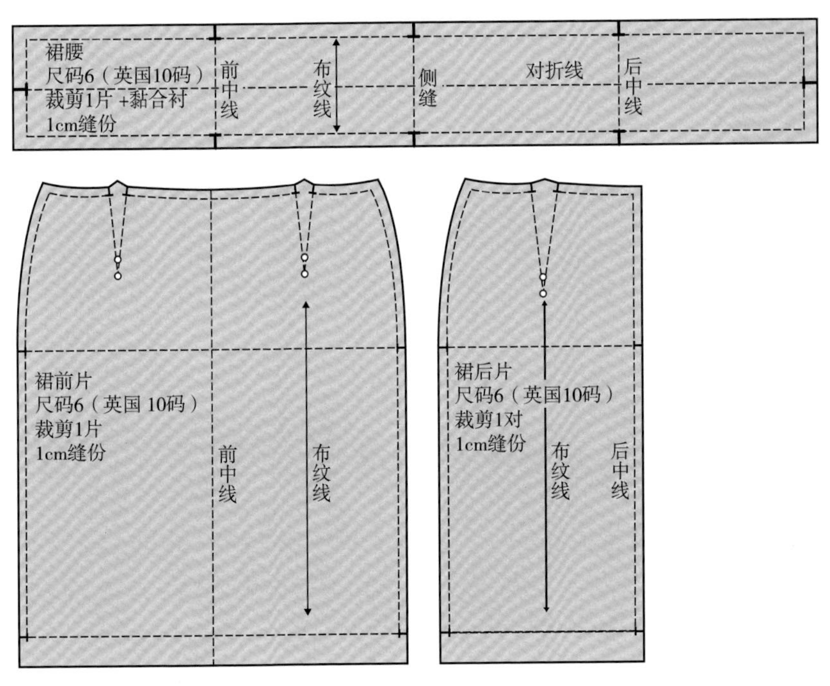


图2.9 裁剪1次=只裁剪1片
裁剪1对（或剪两次）= 裁剪2片

# 省道的处理

省道可以控制多余的面料，从而塑造服装的廓型。省道可以一直缝合到末端，或是缝合到省尖点，也就是所谓的关键点（如胸点）。省道的处理是纸样裁剪中最具创造性和灵活性的部分，对省道的处理有无限的可能，只有设计师的想象力是唯一的限制。省道可以变成褶裥、缩褶或造型线等，它们相对于服装上的位置是非常重要的。这些省道的处理技巧不仅能够保证服装的合体效果，还可以塑造出服装的轮廓和造型，而且能够改变服装的风格和设计。

## *上衣原型省道处理的案例*

设计分析：从腰部到胸点末端的不对称交叉省道设计。

1.在上衣原型上画出对折线。在复制左前片原型时，要将整个腰部和胸部的省道转移至袖窿处，然后将右前片原型复制到左侧（前中线连接处），再将整个腰部和胸部省道转移至袖窿处。

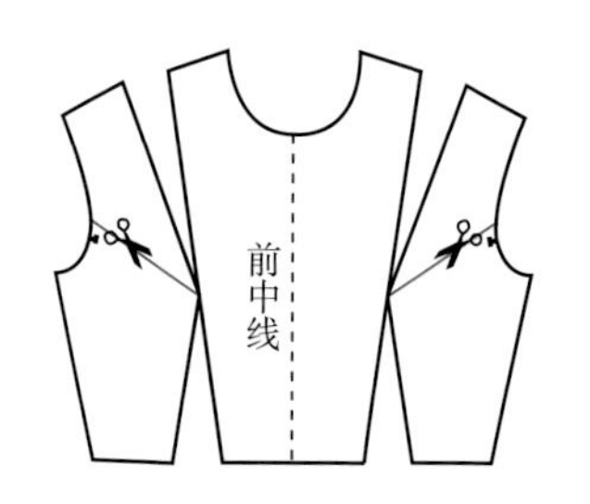


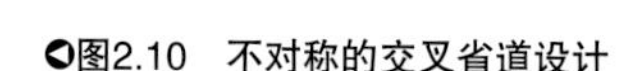
图2.10 不对称的交叉省道设计

2.根据设计绘制出裁剪线。

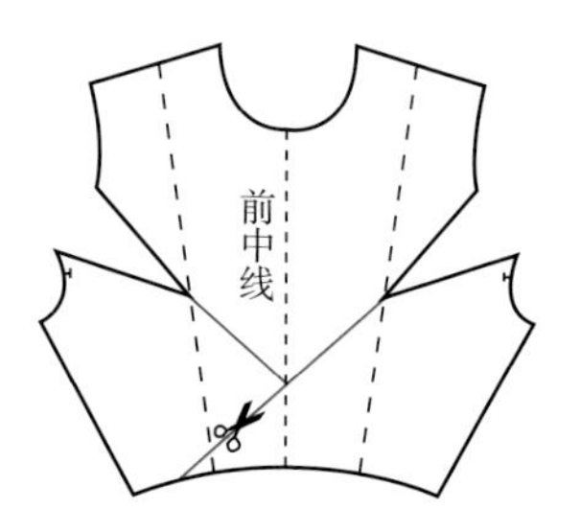


3.沿画好的裁剪线进行剪切，一直剪到胸点（关键点），然后合并省道，将省道黏合在一起。

4.添加缝份，并用打孔的方式标记出省尖、左省道、前中片和缝份。标记出布纹方向（在此案例中是前中线），并添加诸如“前片、右上片、裁剪1片”之类的信息。

5.如果需要，可以适当改变袖窿和领口，使其变得更加舒适。后片的纸样也可以根据前片的设计进行裁剪。

6.现在可以根据纸样用印花棉布进行裁剪了，然后制成坯布样衣进行试穿。

图2.11 达克斯（Darks），2015秋冬时装系列

## 切展法

此方法常用于增大服装体积和扩展下摆。剪切线可以从纸样的一端延续到另一端或者延续至省尖这样的关键点。打开这些剪切线就能增大服装的体积或者加大服装的下摆。

### 使用切展法技巧

采用切展法可以将直身裙的纸样变成大摆裙的纸样。最基本的方法是将纸样从底边到腰部分成相同的几部分，并将其等量展开，最后用顺滑的曲线重新绘制底边即可。

如图2.13和图2.14所示，要产生不对称的扇形下摆，可将纸样分成两半，并在其中的一半上标记剪切线。沿着底边到腰部分别将剪切线剪开，在每一片上添加相同的量，这样仅在裙子的一侧产生扇形下摆，同时腰部也增加了褶裥。最后再绘制出有角的下摆底边以完成不对称设计。

**切展法使用的小贴示**

使用切展法时，切入的位置就是面料展开的确切位置。所以，只裁剪裙子的一侧时，下摆并不会扩展到另一侧，只会扩展到裁剪的这一侧。

图2.12 用切展法制作的大摆裙

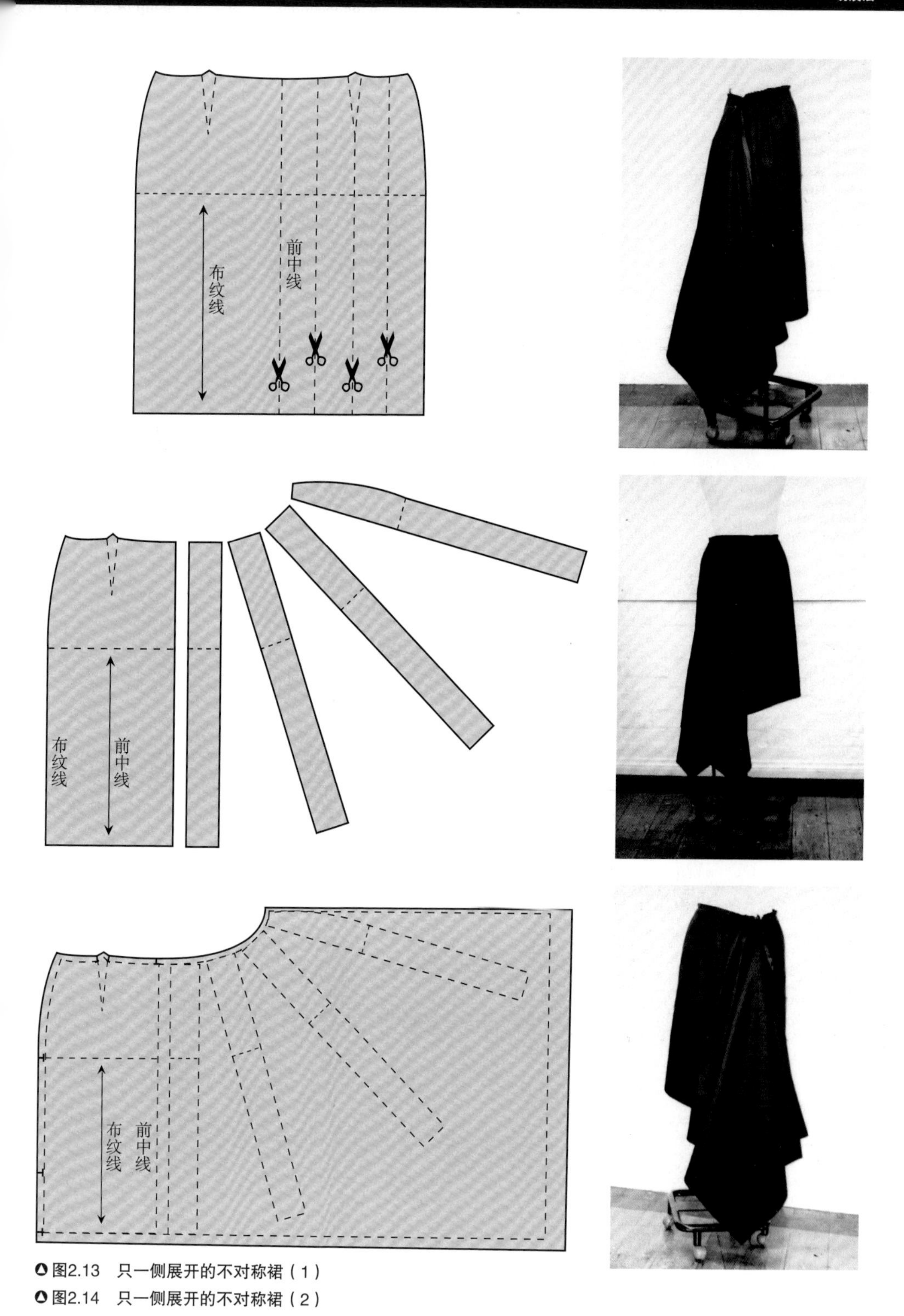


◆图2.13　只一侧展开的不对称裙（1）

◆图2.14　只一侧展开的不对称裙（2）

# 衣袖

衣袖的制作是纸样裁剪中非常特殊的一个部分。衣服的袖子可以是上衣本身的一部分（如连袖），也可以是缝合在袖窿上的（如圆袖）。即使在服装上不添加任何设计元素，只是简单地设计吸引人的、有趣的袖子，就可以让一件衣服看起来非常的与众不同。最基本的衣袖板型是一片式衣袖板型，其变化如图2.17中a~f所示。从一片式衣袖板型可以演变出许多不同的板型，如两片式衣袖和插肩袖、和服袖、蝙蝠袖等连身袖。

图2.15 巴尔曼（Balmain），2015秋冬时装

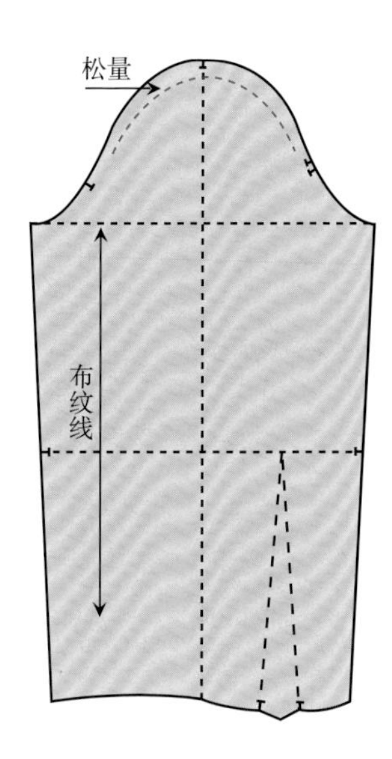


**图2.16　圆袖板型，展示了衣袖与袖窿衔接部分的松量**

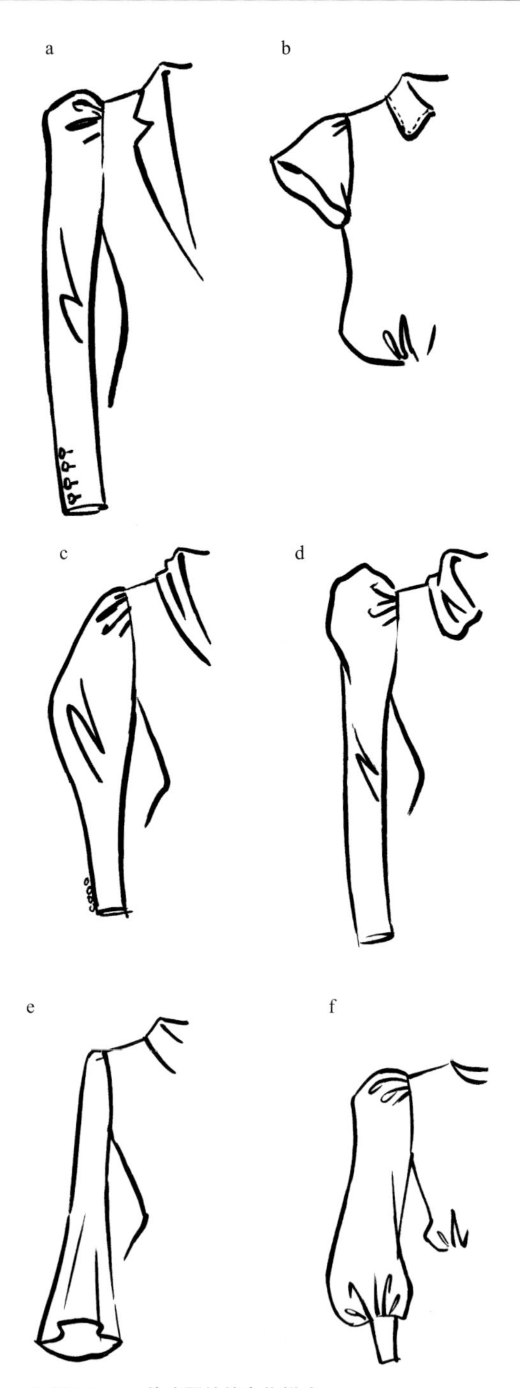


**图2.17　一片式圆袖的变化样式**

a. 泡泡袖　d. 朱丽叶袖
b. 帽袖　e. 喇叭袖
c. 羊腿袖　f. 主教袖

## *衣袖的制作*

在制作圆袖时，必须准确测量袖窿的尺寸。因此，应该先制作上衣的前片和后片。在测量好袖窿的尺寸以后，就可以根据板型的类型（如夹克板型、合身的上衣板型等）加入松量。在纸样制作中加入松量，可以使服装穿着时更加舒适，更加便于身体的活动。松量不但可以使衣袖与袖窿更加合适地衔接在一起，而且也会影响服装的合身度和廓型。松量应均匀分布于衣袖前袖山弧标记和后袖山弧双标记之间（参见图2.16）。采用圆袖设计可以在衣服的肩部加入松量使肩部更加饱满。衣袖应与上衣的侧缝保持在一条直线上或比侧缝略微前倾，这样可以使衣袖与袖窿的衔接更加自然、舒适。

## 一片袖与两片袖

一片袖与两片袖有很多不同之处，最主要的区别在于缝线的数量。一片袖只有一条缝线，在手臂内侧朝向上衣侧缝的位置，所以当手臂放松下垂时看不到这条缝线。两片袖有两条缝线，一条缝线位于手臂后侧，从后侧双标记的位置向下通过肘部直达腕部，另一条缝线从手臂侧缝的位置略微前倾（从前面看不到这条缝线）。两片袖看起来造型感更强，并略微向前弯曲。正因如此，多加的这条缝线使两片袖能够更加贴合手臂。一片袖常见于休闲款式的服装，而两片袖大多用于定制的夹克或外衣等。

## 连袖

连袖就是上衣本身的一个组成部分。在制作时，既可以保留一部分袖窿，也可以不留袖窿。

连袖的制作通常是将一片袖从肩部的切口处直到腕部分割成前后两片（参见图2.18）。然后将衣袖的前片与上衣的前肩对齐，后片与上衣的后肩对齐。由此基本结构还可以演变出不同风格的衣袖款式，如蝙蝠袖、和服袖、插肩袖、插角袖、德尔曼袖等。连袖的角度也大有不同，角度越大需要的布料越多，手臂的活动范围自然也就越大。

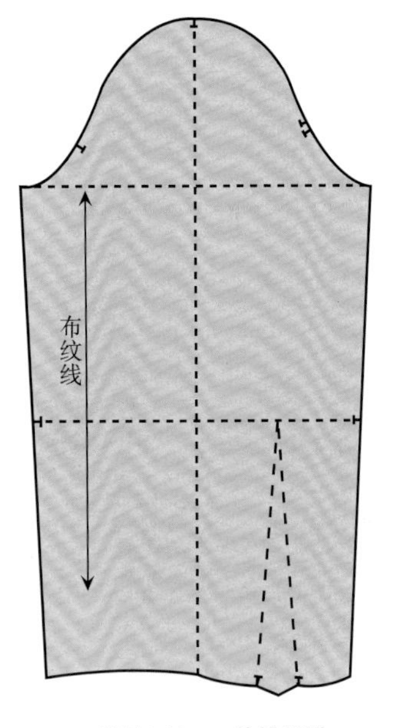


图2.18 一片袖原型

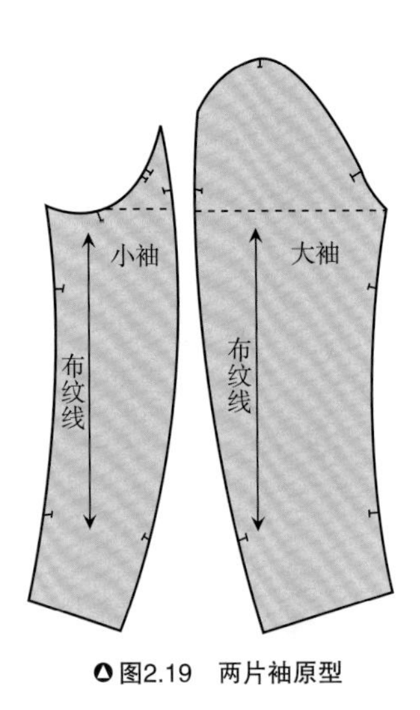


图2.19 两片袖原型

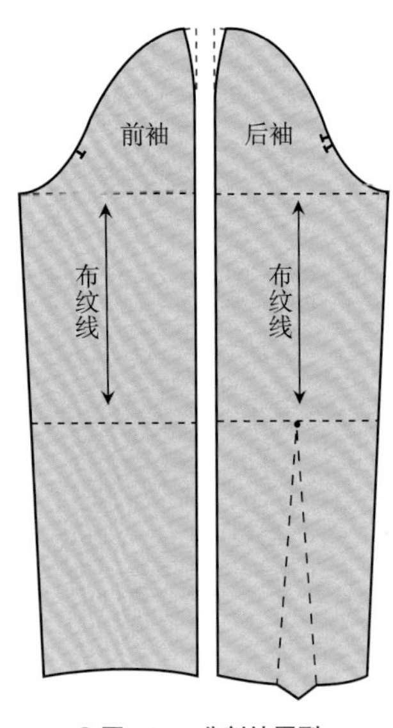


图2.20 分割袖原型

## 插角袖

为了增加衣袖的抬举幅度（手臂活动性能的技术名称），可以在腋下部位添加插角。腋下插角通常是镶嵌在腋下切口处的菱形片。

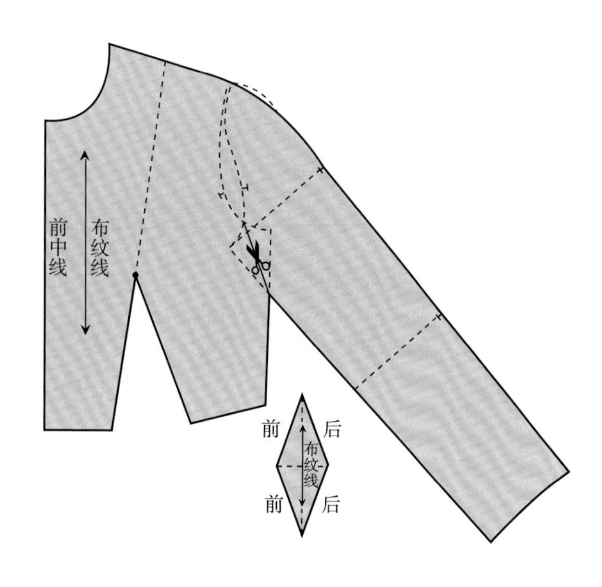


图2.21 插角袖结构

图2.22 J.W.安德森（J.W. Anderson），2015秋冬服装系列

## 和服袖

就像日本和服的衣袖一样，袖子与衣服本身连裁，接缝一般在外侧或者腋下。

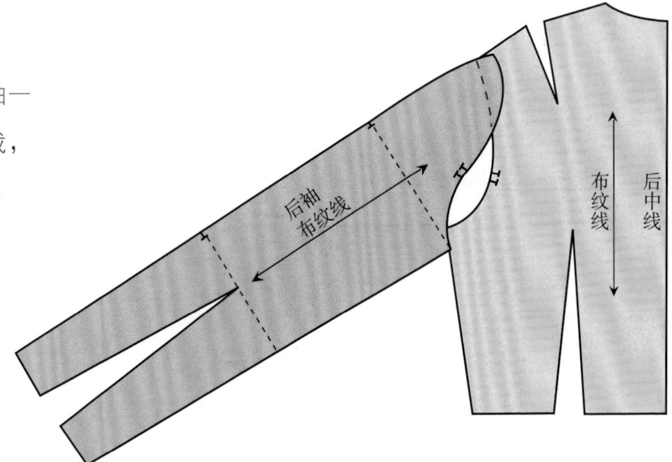


图2.24　和服袖结构（1）

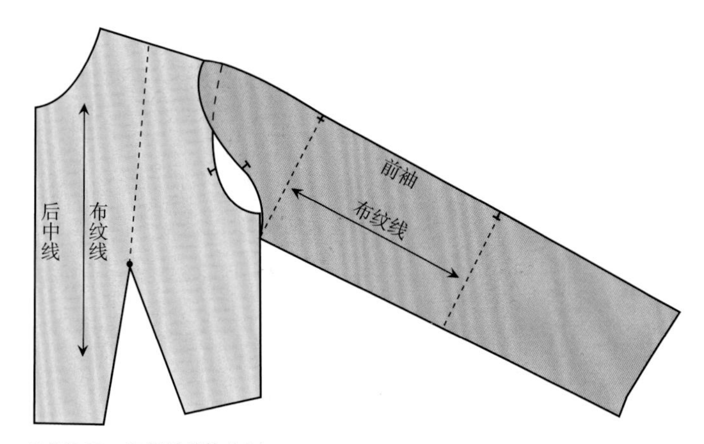


图2.25　和服袖结构（2）

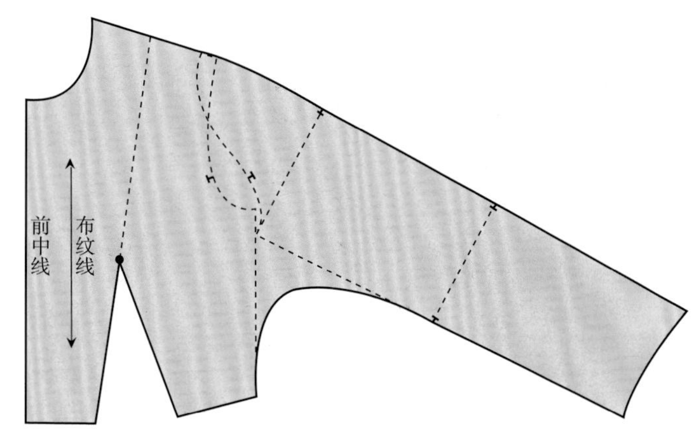


图2.23　艾克妮工作室（Acne Studios），2015秋冬服装系列

图2.26　和服袖结构（3）

## 插肩袖

插肩袖在肩部做下降设计，在上衣的前、后片上从领窝线部位倾斜向下直至腋下。

### 拉格伦勋爵（Lord Raglan）

拉格伦勋爵在克里米亚战争期间曾是英军的指挥官，他的右臂在滑铁卢战役中受伤，不得不截肢，后来他给自己设计了一款特殊的袖子——插肩袖的外套。

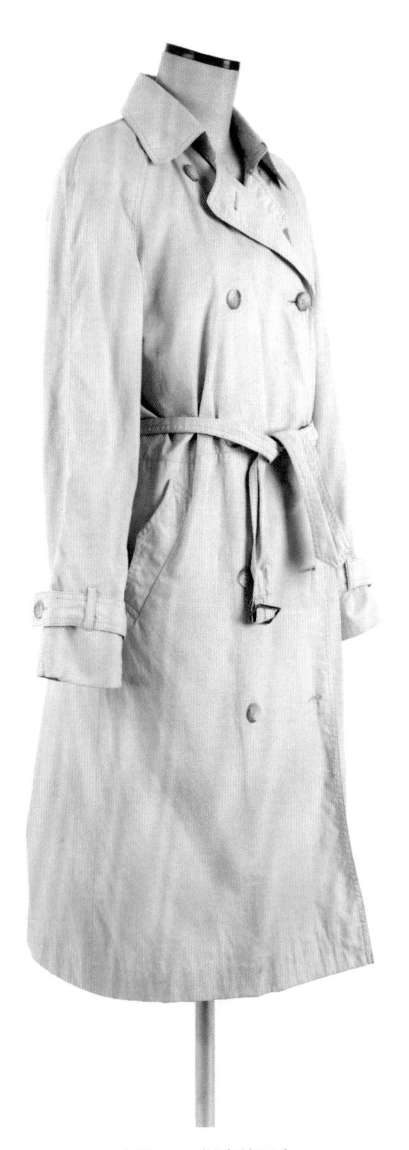

图2.27 插肩袖风衣

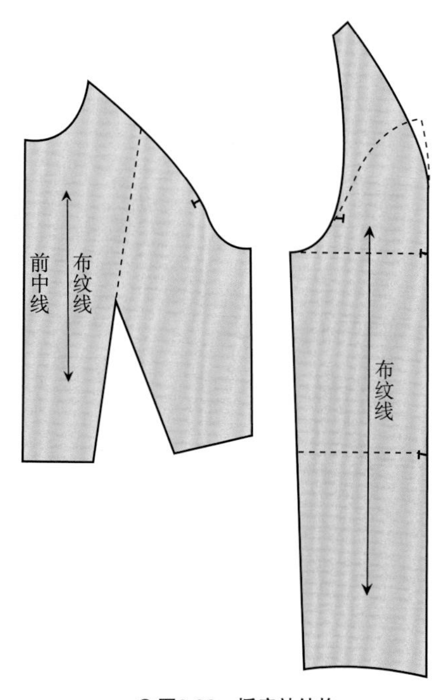


图2.28 插肩袖结构

## 德尔曼袖

德尔曼袖的名字来源于19世纪70年代常见的大衣和外套上的袖子，这种袖子的袖窿位置较低，前片是连接袖，从后面看像斗篷。现在的德尔曼袖在手臂下方用料颇多，且一直延伸至手腕处，所以从后面看仍然像斗篷。德尔曼袖的结构如图2.30~图2.32所示，原来的后衣片结构（图2.30）为连身袖，图2.31中的最后样板展示了延伸出的上衣前片和带连袖的上衣后片（图2.32）。

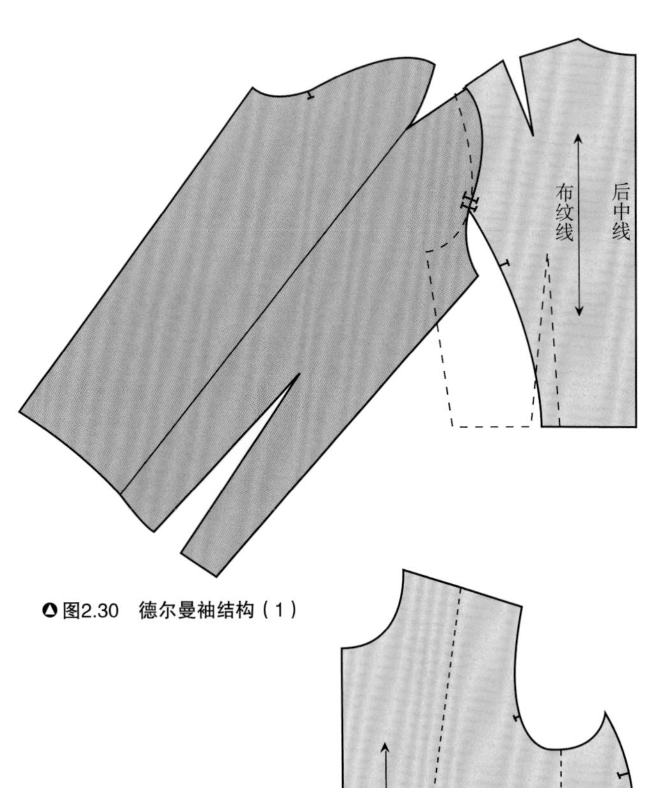


图2.30　德尔曼袖结构（1）

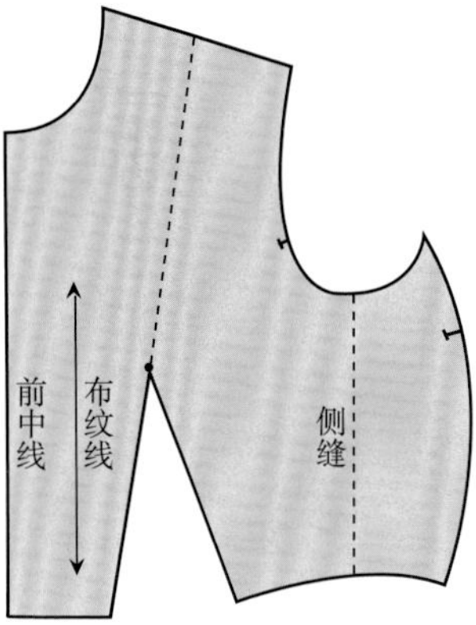

前中线
布纹线
侧缝

图2.31　德尔曼袖结构（2）

图2.29　德尔曼袖图例

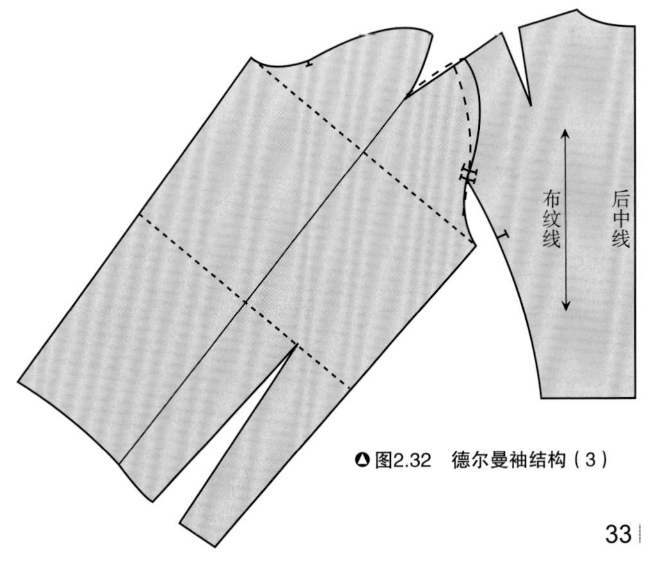


图2.32　德尔曼袖结构（3）

## 加褶裥、省道、缩褶的衣袖

一片袖模板可以形成无数的变化，下面的这些纸样展示出基本的衣袖板型是如何演变为泡泡袖、褶裥袖和有省道袖子的。

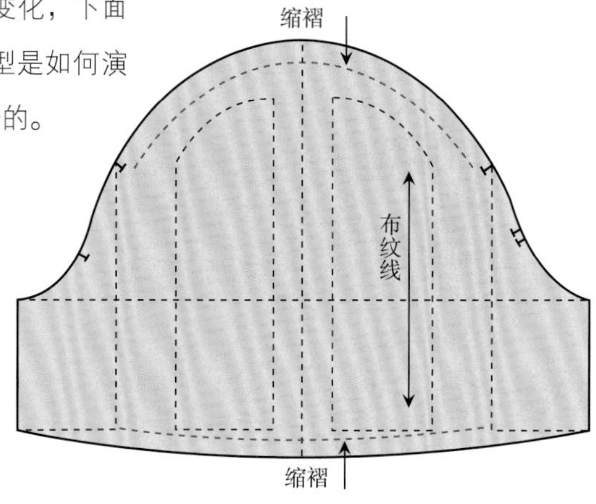


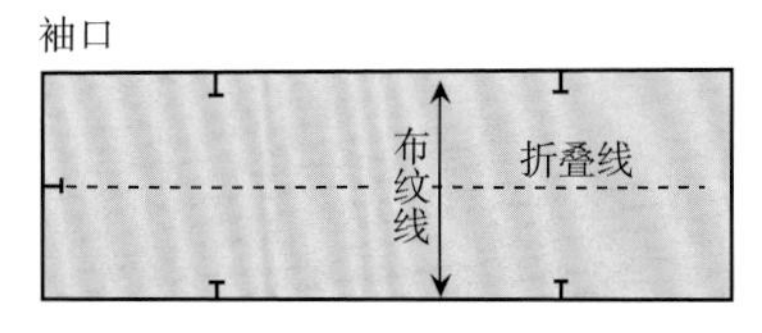


图2.34 袖山和袖口缩褶的泡泡袖纸样

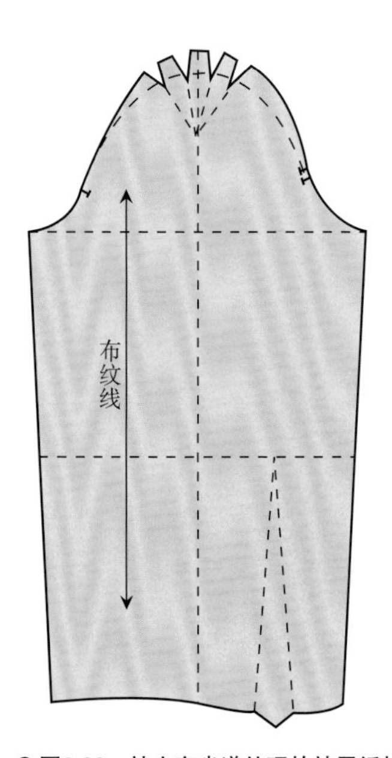


图2.33 袖山有省道处理的袖子纸样

图2.35 袖山带褶裥的复古连衣裙

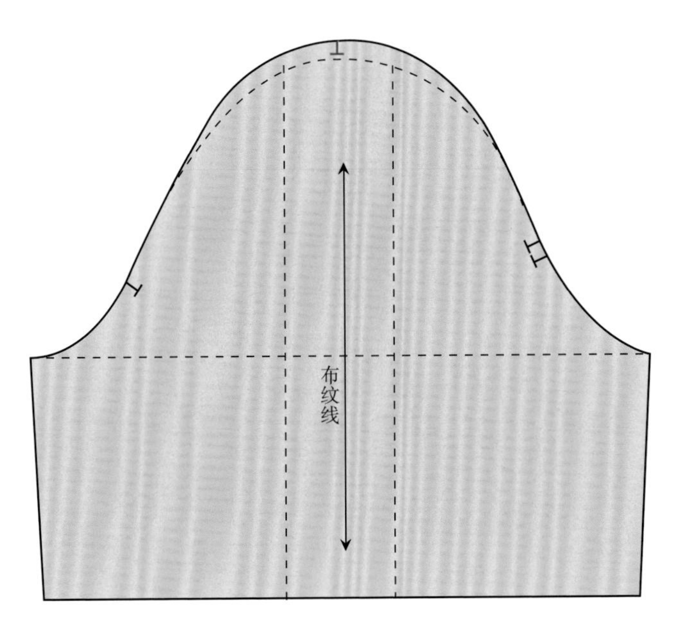


◎图2.36　袖山褶裥结构示意图

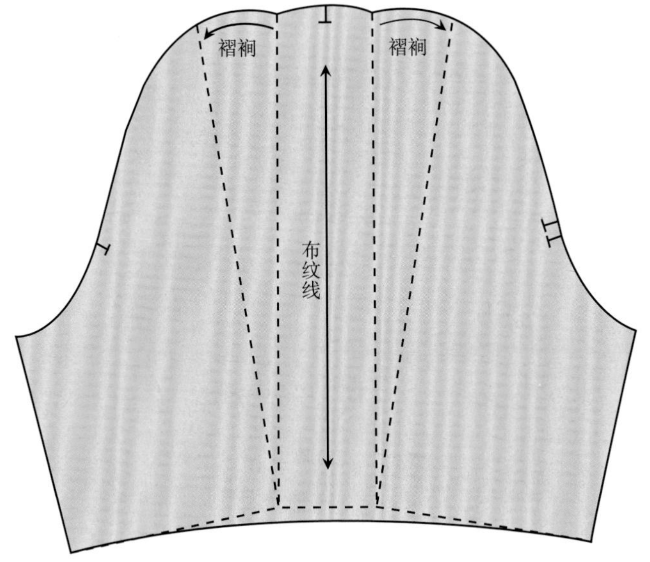


◎图2.37　褶裥袖山的纸样制作

# 衣领

衣领的设计样式多变，能够起到加强服装风格的作用。领子是缝合在衣服的领窝处的，而且领窝的大小和形状也是多种多样的。衣领的形状、大小各有不同，最常见的有立领（中式领）、衬衫领、平领、海军领和翻领等。

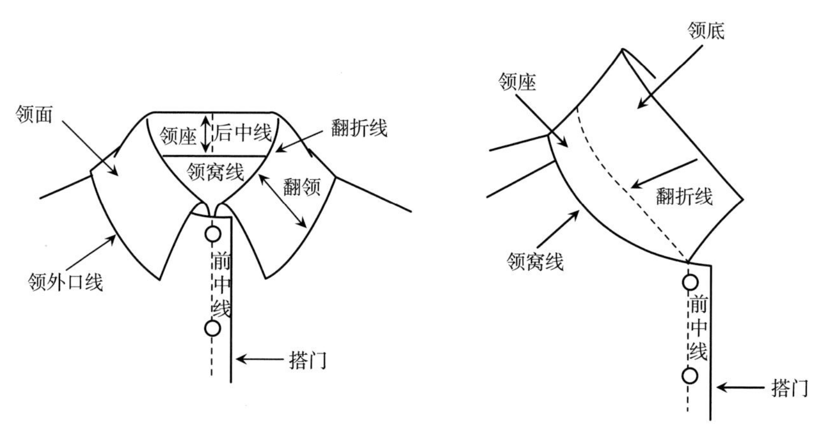


图2.38 基础衣领结构的关键要素

## *各式衣领的绘制*

制作衣领最基本的方法有三种。第一种方法是直角结构法，常用于制作立领、衬衫领和小平领，如彼得潘领（Peter Pan）和伊顿领（Eton）。

第二种方法是将上衣前、后片的肩线连接在一起，在上衣基础板型的顶部直接制作衣领。这种方法可以用来设计海军领和较大的平领，其优点在于，无论领子有多大或是领窝线有多宽，都可以自然而然地使衣领外侧的长度合适。

第三种方法是翻领的制作，从上衣基础板型前片中线的翻折点（通常是第一粒纽扣所在的位置）向肩部延伸。通过延伸翻折线，就可以给衣服加上领子。青果领就是这种领子中的一种，它是用上衣大身的面料直接延伸至翻领部分形成的，而不是用针线缝合在衣服上的。

## 基本领窝的测量

制作衣领时，必须准确测量纸样上领窝线的长度。因此，若需要根据设计修改领窝线，则应在剪切衣领纸样前预先测量出领窝的准确尺寸。

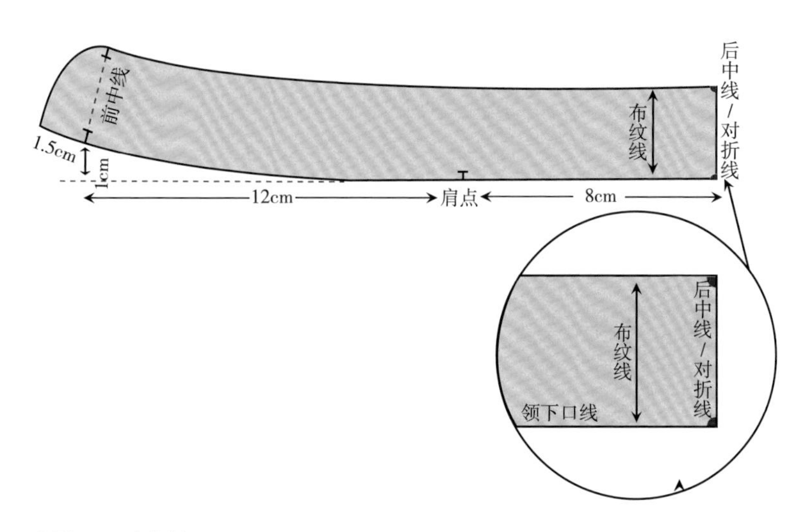


图2.39　直角领

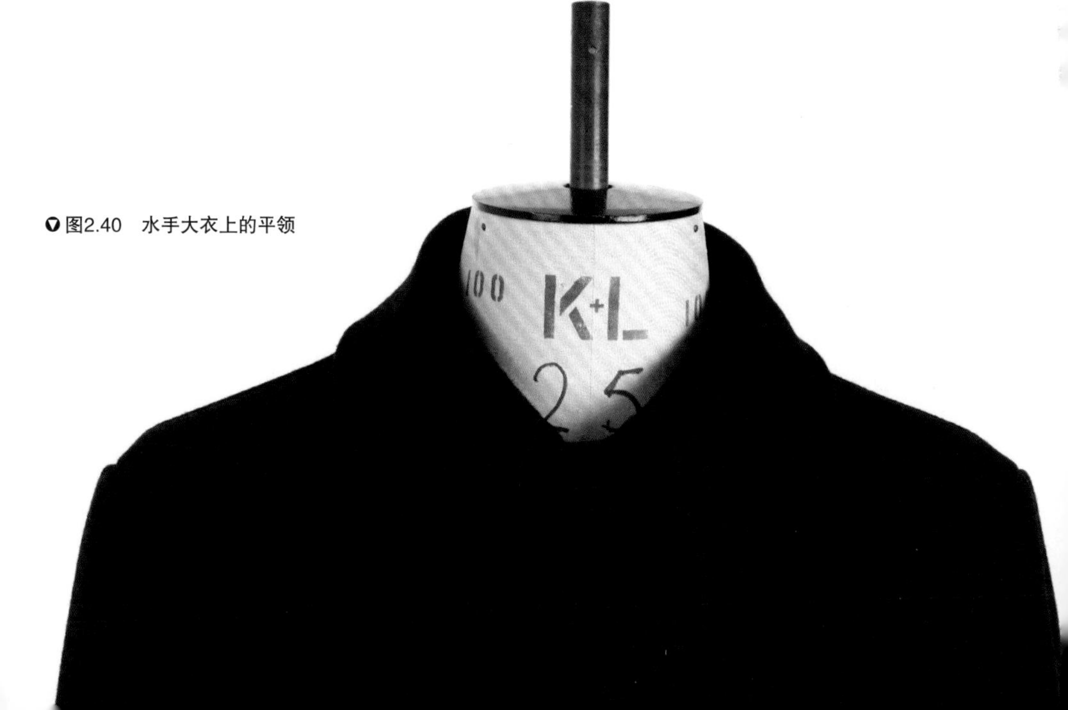


图2.40　水手大衣上的平领

## *直角领*

直角领的绘制要先画出互相垂直的后中线和领下口线，以及通过测量所获得的尺寸。这种直角领还可以演变出多种多样的衣领，包括立领、衬衫领等。它们的领座可以是一体的，也可以是独立的。

如果将衣领的前中点绘制的高于领下口线和后中点，则衣领会比较贴合人体颈部；如果将衣领的后中点绘制的高于领下口线和前中点，则衣领会离颈部较远。

例：1/2颈围=20cm（后领弧长=8cm/前领弧长=12cm）搭门量1.5cm

基本立领

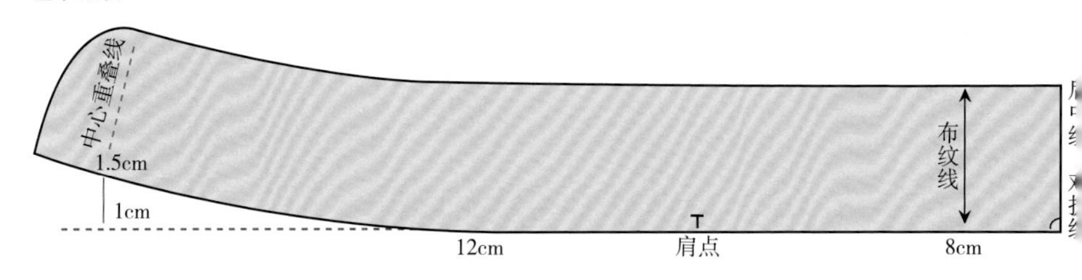


贴身立领

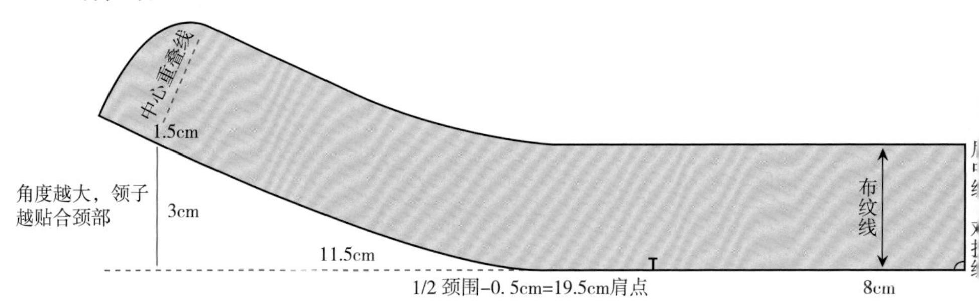


图2.41　立领　领上口越小，领子越贴合颈部

图2.42　立领男衬衫

## 平领

平领可以有领座，也可以没有领座，通常两侧的衣领在前中点处结合，且一般没有搭门（搭门是从前中点延伸出的，为纽扣和扣眼专门设计的空间）。平领的领座高度不大，一般在0.5~1.5cm之间，这样会较为合适的翻在服装的肩部。

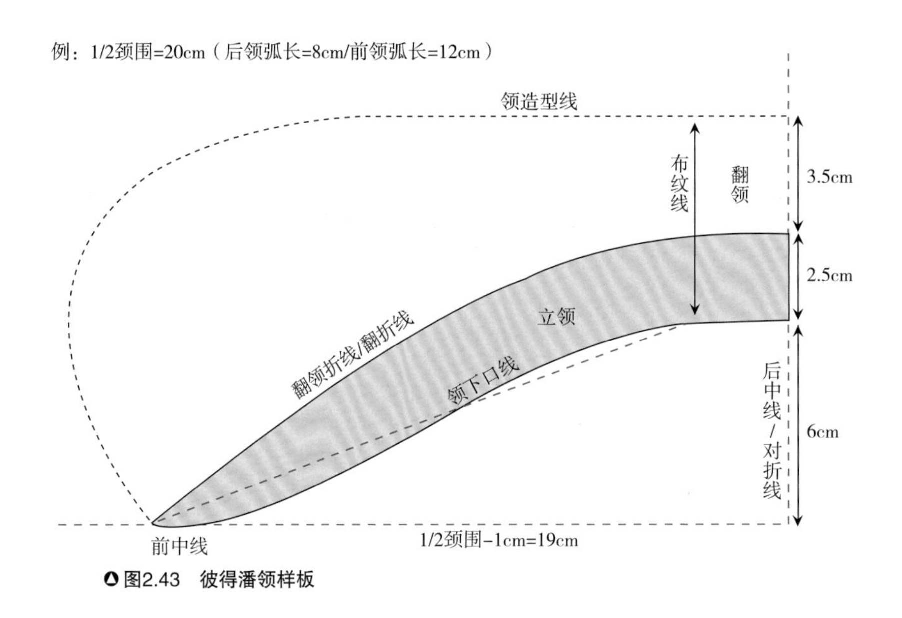


图2.43　彼得潘领样板

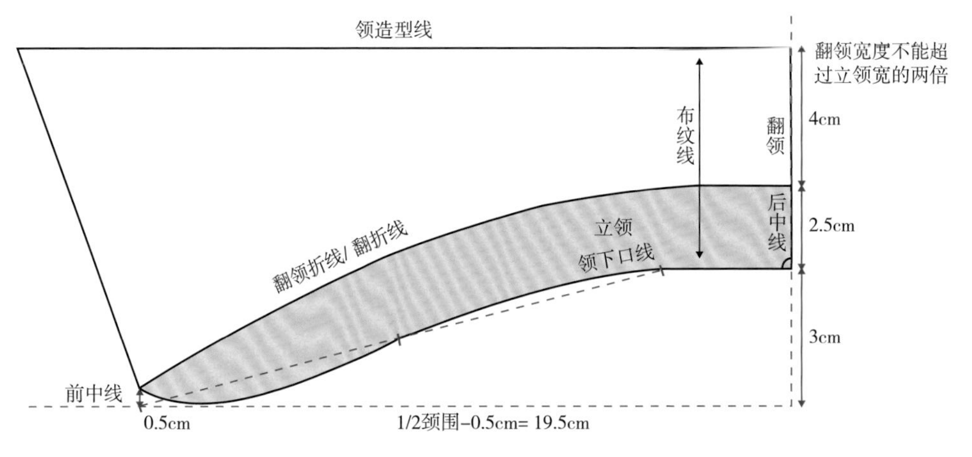


图2.44　伊顿领样板

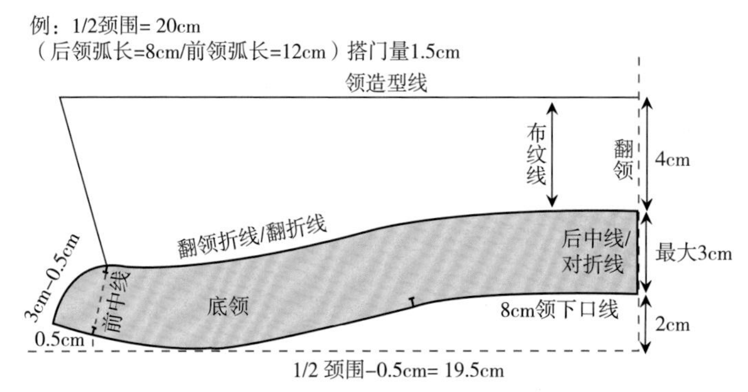


图2.45 衬衫领结构 衬衫领的底领可以与翻领分开裁剪，也可以连裁。连裁的底领用于尺寸较小的儿童装的衬衫领

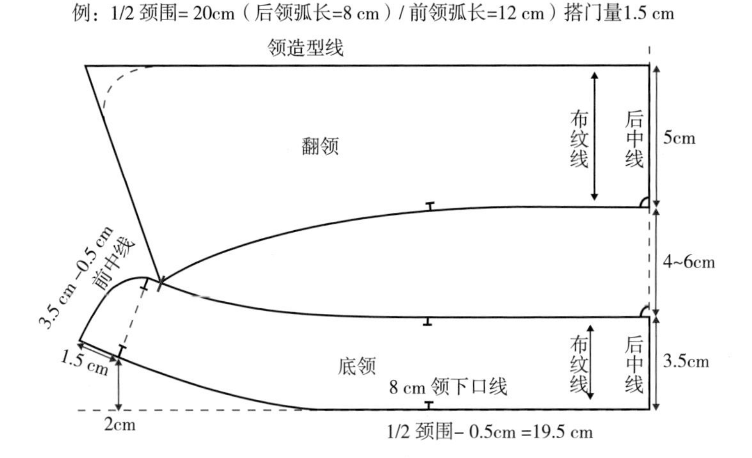


图2.46 有独立底领的衬衫领结构 有独立底领的衬衫领比连裁的衬衫领更贴合颈部，独立的底领使设计师能设计较高的领子，以创造出更严肃和有军装风格的领子

### *领尖钉扣领*

领尖钉扣领是从衬衫领发展而来的，其设计灵感源于英国的马球比赛。在比赛中，通常球员们会把领子固定住，以防被风刮起。这种领子敞开时可作为非正式穿着，也可以打领带或领结作为正式穿着。

图2.47　有独立底领的衬衫领

图2.48　马丁·罗斯（Martine　Rose），2013春夏服装系列

## 肩领

这种衣领最初从海军制服发展而来，领子前边是传统的V型领口，后边是方形披肩领。海军领结构不仅用于制作水手风格的领子，还可用于制作其他大领形式。

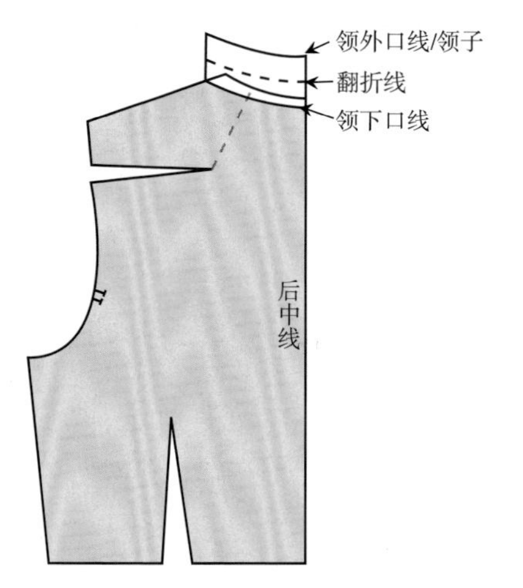


图2.49 海军领结构（1）

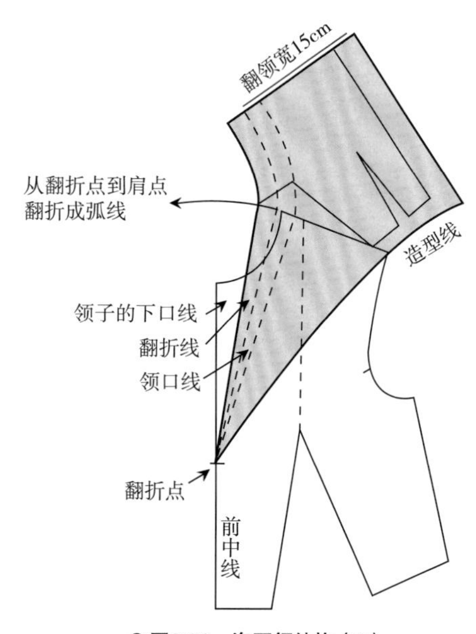


图2.51 海军领结构（3）

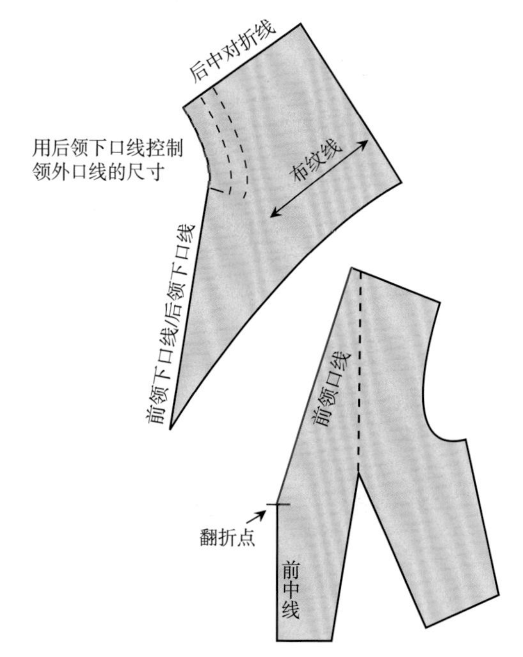


图2.50 海军领结构（2）

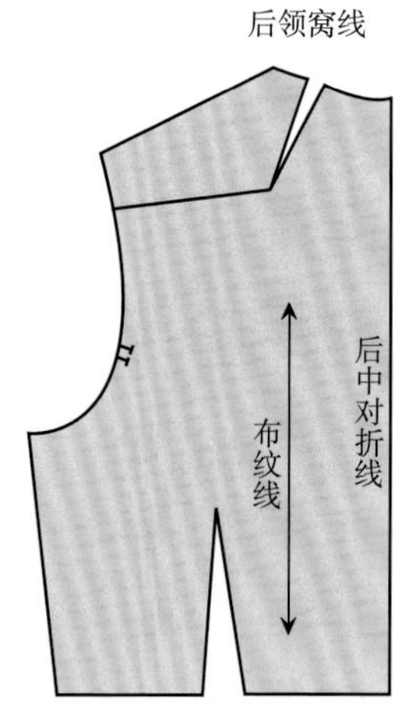


图2.52 海军领结构（4）

图2.53　赛琳（Celine），2007春夏服装系列

## 翻驳领/西装领

翻驳领是在V型领口线上的翻领，领子翻折在上衣的表面。它是夹克、大衣、外衣或者衬衫正面的一个组成部分。翻领通常与衣领连接在一起，可以被裁剪成不同的形状。青果领也是翻驳领的一种，也是将翻领与衣领连接在一起。翻领的翻折点取决于服装的风格，决定了夹克等服装的基本造型。翻驳点通常在第一粒纽扣处。

在制作翻领前，设计师必须确定好翻驳点的位置以及服装是单排扣还是双排扣的设计。

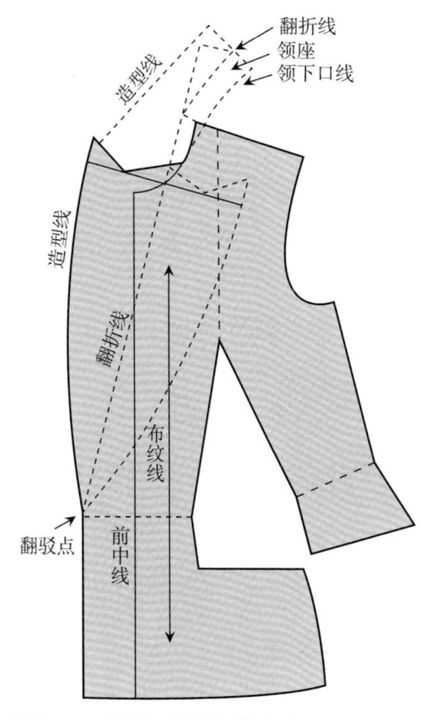


图2.54 双排扣翻驳领结构（1）

图2.55 双排扣翻驳领结构（2）

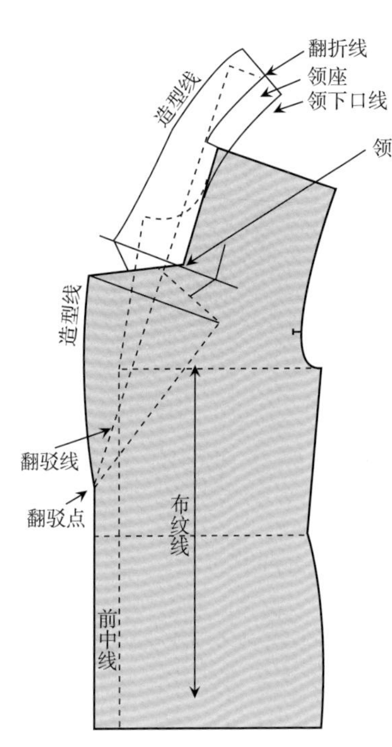


▲图2.56　单排扣翻驳领结构（1）

▲图2.57　单排扣翻驳领结构（2）

## 领面与领底

翻驳领可以分为两部分：驳头和翻领。翻领有领面和领底之分，领面的尺寸应该比领底更大一些，相当于在领底边缘加上几毫米（对于较轻薄面料和中厚面料，应多出2~3mm；对于较厚重面料应多出4~5mm）。领面较宽是为了防止领底反吐。

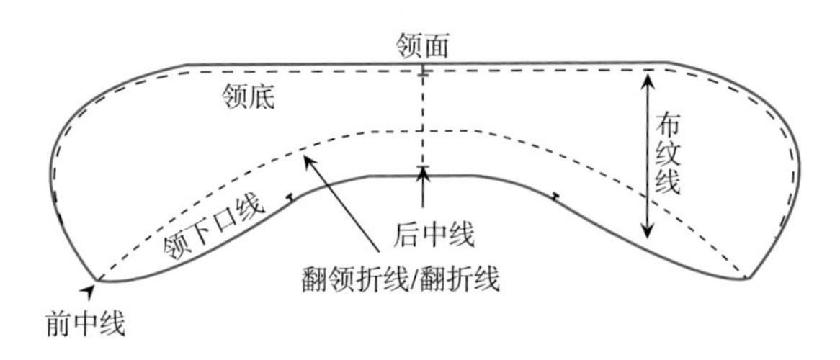


▲图2.58　领面和领底结构

# 口袋

15世纪之前，口袋只是系在腰带上的小袋子。直到18世纪中叶，裁缝才开始将小袋子设计在服装的腰线上。现如今，口袋不仅成为一种传统，而且非常实用，还可以用来定义服装的款式和风格。口袋分为两个基本类别：一种是贴袋，是直接缝制在服装外面的口袋；另一种是内袋，是缝制在服装内侧的口袋。内袋的开口可以是隐蔽的，也可以进行特别设计。

## *口袋设计*

口袋设计应该注重实用性，因此，口袋的大小应该至少可以把手放进去。需要注意的是，一般男性的手要比女性的手大些。

有些裁缝会在内袋中心位置加上缩褶，以便装纳形状突出的物体，如钥匙，这样既能将物品装进口袋，又不会抻拉衣服，从衣服的外面也看不出明显的痕迹。

口袋在服装上的位置非常重要。这不仅为了美观，更是为了使用方便。确定口袋位置的最佳方法就是把衣服穿在模特身上，然后让他/她指出较为适合的袋口开口位置。

对有口袋的服装进行放码时，要确保按照正常比例为口袋放码。

在裤子上使用斜插袋、横插袋或侧缝口袋时，一定要把袋布与前中的拉链门襟缝合在一起。这种方法可以将袋布固定在恰当的位置，并使服装内侧能够保持平整。

给裤子或短裙的后片挖单嵌线袋或双嵌线袋时，要把袋布缝合在腰头上，以保持口袋的稳固。

袋口（指口袋入口部位）应始终以面里料夹层来固定。

内袋有时会用纽扣来闭合袋口。在纽扣上部加一块三角形盖，以避免纽扣在里面穿着的衣服上留下印迹，也可以防止纽扣夹在里层的衣服中。

袋布应该缝合两道，并采用较小的针距（2~2.5mm），这样可以使其更牢固。

▲图2.59　有袋盖和箱形袴袋的女式外衣

▲图2.62　有袋盖和双嵌线大袋的男西服

◀图2.60　李维斯(Levi's)牛仔裤带商标的裤袋

▲图2.61　缩褶贴袋的雨果博斯（Hugo Boss）短上衣

▲图2.63　双嵌线袋的女西装

# 斜裁

玛德琳·维奥内特（Madeleine Vionnet）是第一位成功采用服装斜裁方法的设计师。自此，女人们把她们的束腰紧身衣换成了斜裁服装，穿上这样的服装就可以展示她们自然的身姿。斜裁服装应在与面料经线呈45°角的方向上进行裁剪。若想了解更多关于面料布纹线的信息，请参阅本章“铺料”的内容。

## *如何制作斜裁服装*

- 为设计的服装选择合适的面料：绉纱、双绉、绉缎、乔其纱、丝绸以及雪纺绸等都是制作斜裁服装的理想选择。
- 斜裁服装应在与面料经线成45°角的方向上裁剪。
- 为使面料呈现出较好的垂感，服装裁片的中线（前中线和后中线）必须在准确的正斜向上。
- 有些斜裁方法的操作依赖于将面料倾斜悬挂，使面料的一侧较长，一般面料纬向密度小于经向密度，这使斜裁服装更容易产生较好的悬垂感。
- 斜裁的面料很容易错位。为了固定面料，可以在面料下面铺垫一层薄纸或样板纸，然后用大头针将它们别在一起，再将纸样拓到和面料同样大小的纸上，然后用大头针将这些全都别在一起，最后用锋利的剪刀裁剪成片。

图2.64　黛安·冯芙丝汀宝（Diane Von Furstenberg），2016春夏服装系列

- 一定要做一些缝纫测试，以找到适当的缝纫机和针距类型。锁边可以使缝合线延展，效果更好。
- 所有斜裁服装都会出现合体度的问题，因此减少因斜裁拉伸而产生的多余面料是使服装合体的关键。斜裁面料时，平面裁剪和立体裁剪的结合是必不可少的。
- 斜裁服装的扣合件最好采用拉链。在使用缝纫机缝合之前，要先用胶带和手针固定拉链。
- 斜裁服装的贴边最好选用直丝布纹线裁剪的面料，并把领窝线、袖窿线和肩线用胶带固定，以防止衣片移位变形。
- 锁边是一种不错的缝边方法。但是，如果你更喜欢粗糙的外观效果，则可保留原来面料的毛边。

### *荡领*

荡领是从肩点向下垂落的柔软的垂褶衣领，它沿着前/后领窝线呈褶状下垂。其垂褶是通过斜裁手法形成的，纸样可以是平面裁剪，也可以是在模特身上立体裁剪。有些荡领是用缩褶和碎褶来设计的，有不同数量的褶皱。荡领可以与衣身一起整片裁剪，也可以独立裁片裁剪。

图2.65　男装衬衫上的荡领

# 制作坯布样衣

所有服装在投入批量生产之前都应该先试制坯布样衣，而且试制样衣的方法多种多样。对于高级定制的服装，应该直接在客户本人身上试制样衣；而为设计公司或高街时装店所做的服装设计，一般应在设计公司提供的模特或人体模型上进行样衣试制。

## *进行样衣试制*

服装设计师一般在首次样衣制作时，采用样衣坯布，这是一种与将来要使用的面料重量相似、性能相似，但价格更便宜的面料，如印花薄棉布。这种棉布是一种较为廉价的棉织物，且有不同的重量：如果制作的是罩衫和衬衫，可采用较为轻薄的棉布；而夹克和裤子，则可以采用中等重量的棉布；

### *首次试制样衣的小贴示*

首次制作样衣时，可手工缝制衣服的某些部位，如将衣袖手工缝制到袖窿上。样衣的其余部位应采用较大针距3~4mm进行缝合，这样在试穿之后如果需要拆开时，会比较方便。

试制样衣时，应清楚地标记出所需的所有线条，如前中线、后中线、腰围线、臀围线和肘围线。这些线条可以用笔或线标记出来。

如果成品服装要装垫肩，那么在样衣制作时也应使用与最终服装相同的垫肩。其他需要使用衬、垫的任何服装部位，也都应该如此，如衬裙和紧身胸衣等。

首次样衣试制时，衣领不需要制作领底，这样可以更容易进行领子造型。

服装上口袋的位置要在样衣试制时进行绘制。较好的办法是直接用真人模特来确认口袋位置，因为他们可以直接将手放进口袋以此确认位置是否合适。如果是有袋盖的口袋或贴袋，则应用剪刀裁剪下合适的口袋形状并用大头针将其固定在样衣上。如果最终的服装面料上有图案，也可以将图案画到样衣上以展示细节。

还有，样衣上的所有车缝线和省道，都需按照与成品服装相同的顺序进行熨烫。

如果是制作外衣或带有纹饰的衣片，则可以使用比较厚重的棉布。坯布样衣没有锁边和扣合件，也没有衬里或贴边。

首次进行样衣试制时，设计师应该考虑好服装的比例和服装的合体度。只有在整体比例确定之后，设计师才要关注到服装的细部，包括口袋的位置、腰带襻、衣领尺寸以及其他细部。设计师通常会用胶带、记号笔或大头针等工具在样衣上将这些细部进行标记。

合身的服装应该能够完美地展现出服装的特别设计和人的体型。因此，最好的办法就是直接在真人模特身上进行试制，以观察服装穿着的位移等情况。样衣试制中，难度最大的部位是袖窿、袖子、裤裆和上衣胸部周围区域的制作。在开始制作纸样前，要确保使用非常合适的板型，以避免不必要的问题。而且纸样的制作也一定要放大些，这是因为根据模特身材调整样衣的廓型要比拆开车缝线拼补裁片调整样衣大小容易得多。

样衣坯布面料的选择非常重要，因为其必须能够反映出最终使用的服装面料的质地。如果是机织风格的服装，就要选择重量合适的印花棉布。而对于毛线衫或针织服装而言，则应使用重量合适的针织物。裁剪坯布时，要确保以正确的布纹方向进行裁剪；如果服装要斜裁，坯布也需要斜裁。不同的布纹方向使衣服在人体上的悬垂效果不同。样衣应该使用没有任何图案的浅色布料制成，这样可以尽可能清楚地展现服装的车缝线和其他细节。

## *完善坯布样衣*

首次样衣试制后要对样衣的任何细部进行修改和完善，并在二次样衣试制时认真对待。所有细部都需要再次认真观察和讨论，对镶边和装饰线这样的细部也需要做出最终决定。如果所有人都对样衣的效果满意，那么就可以在最终的服装面料上进行裁剪了，并进行最终的试穿。

样衣试穿可以使设计师能够直观地看到最终的服装面料在模特身上展现出的效果。但这种样衣只有非常基本的服装构造，缝线等细部没有经过整理，贴边和衬里也没有加上。如果需要，在这个阶段仍然可以对样衣进行细微的改动。

样衣的制作有时不止一次，可能需要制作两次或更多次，尤其是在开发新的服装款式时。坯布样衣的制作既费时又费钱，但这是制作比例合适、廓型合体的服装的必经过程。

图2.66　克里斯汀·迪奥（Christian Dior）在为时装公司的模特试衣

## *修改纸样*

纸样修改虽然棘手，却不能忽视，因为不合体的服装是卖不出去的。无论顾客是高大还是矮小，是苗条还是健壮，高街时装店都能为他们提供多样化的选择，但顾客肯定是不会接受不合身的衣服的。

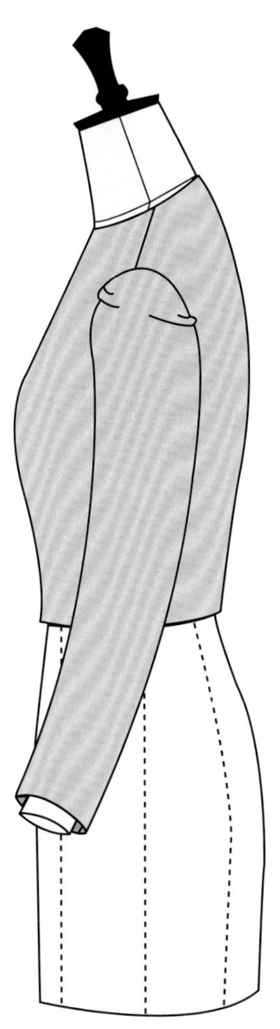

图2.67　外观：袖子上有穿越袖山头的横褶，看起来像缩褶

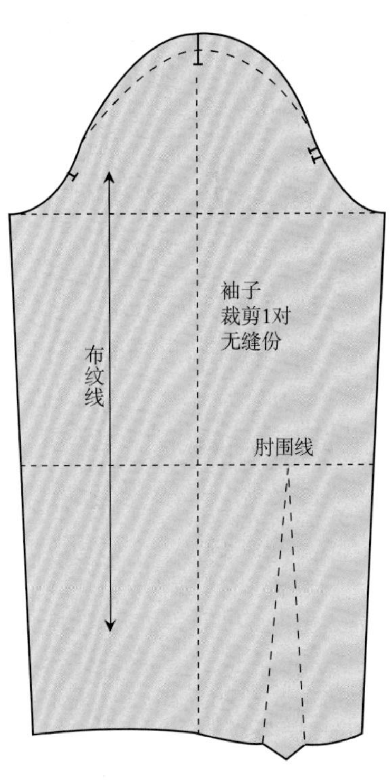


图2.68　修改：袖山（也叫袖窿）太高。可以先将袖山处有褶皱的部位用大头针别起来，或者将袖山处多余的布料别起来，然后通过在纸样上折叠相同的量来校正，最后重新裁剪并试穿样衣

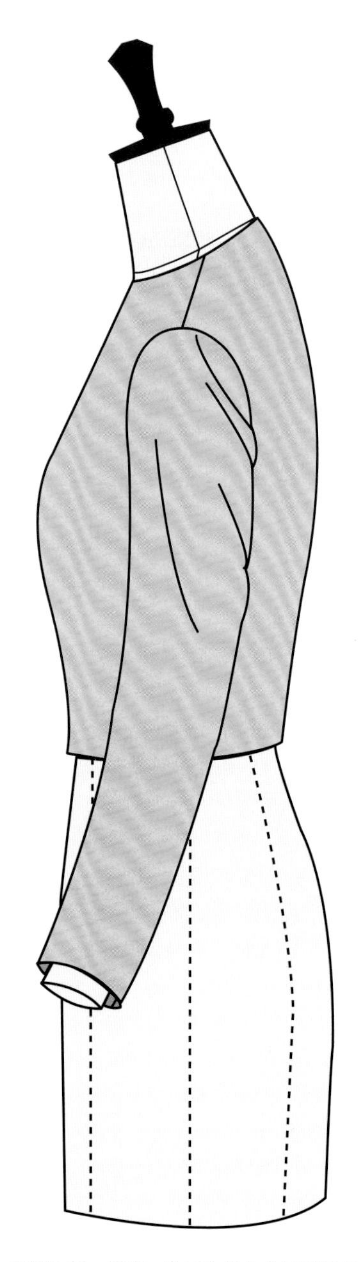

◎图2.69 外观：袖子在袖山处显示出从后到前的斜拉褶

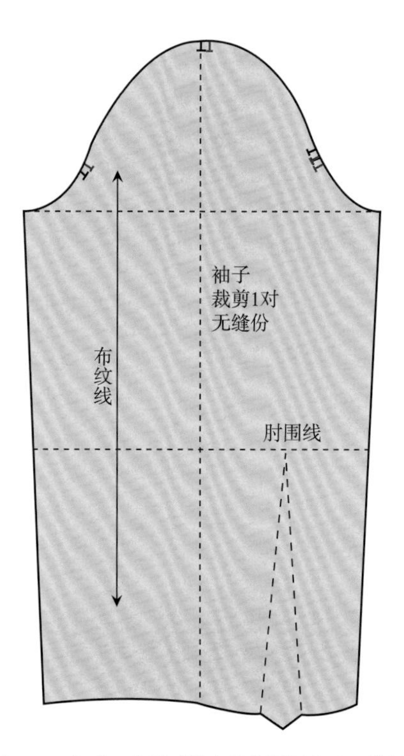


◎图2.70 修改：肩部对位点的位置不准确。袖子需要在0.5~2cm之间进行调整，具体取决于袖子斜拉褶的程度。调整肩部对位点的位置，并根据新的肩部对位点在袖窿处试制相同的袖子，这也称为改变袖子的斜度

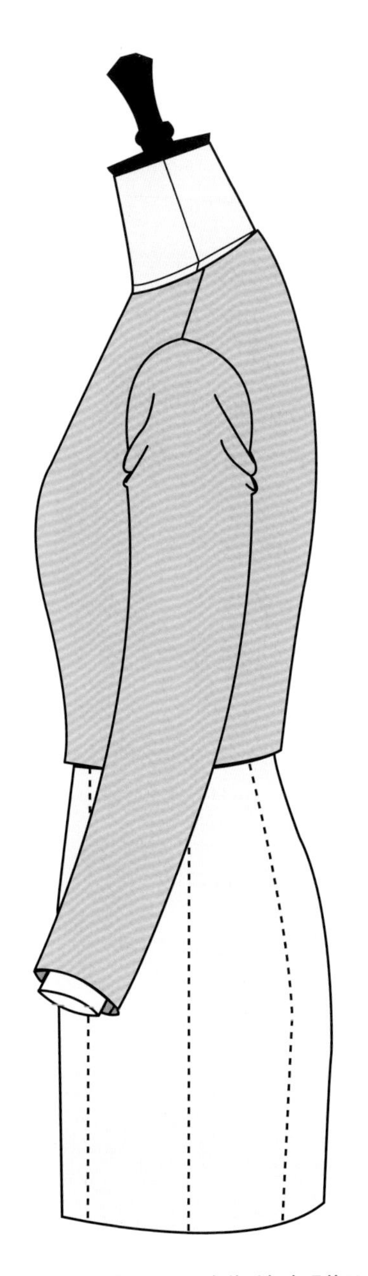

◎图2.71 外观：袖子在前后都出现从下到上的斜拉褶

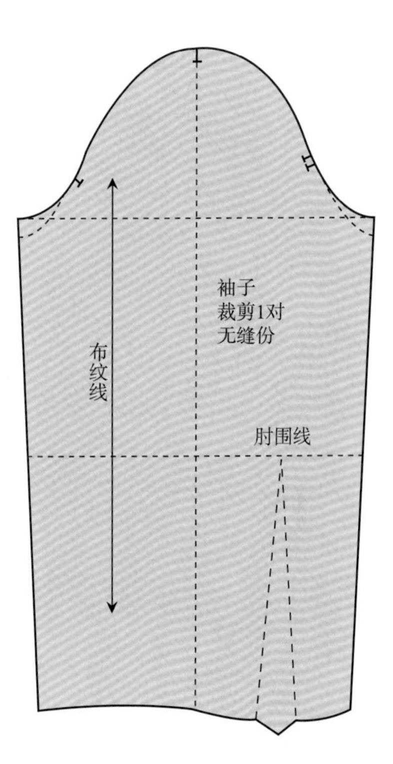


◎图2.72 修改：袖子的袖窿太窄。先测量袖山的弧长，并使之与袖窿相匹配，然后沿着袖山弧线用大头针固定，直到袖子从袖窿处垂直下垂，最后将腋下袖子部位的调整量转移到纸样上

# 铺料

按照纸样裁剪面料需要时间和耐心。花费时间准备裁剪并标记裁片需要的信息是必要的，这样才能确保顺利地将服装缝制在一起。对面料和纺织技术的深入了解很有必要，若读者想要了解更多关于各种面料的信息，请参阅《时装设计元素：面料与设计》（*Basics Fashion Design: Textiles and Fashion*）一书。

## *布纹方向*

面料是由纵向纱线（经纱）和横向纱线（纬纱）交织而成的，面料的经边叫布边。服装裁剪与面料的布纹方向关系极大，会影响面料在人身上的悬垂效果，通常有三种布纹裁剪方式：

**经向裁剪**——这是最常见的一种裁剪方式，即裁片的布纹方向平行于布边。 通常纵向的纱线（经纱）比横向的纱线（纬纱）强度大。

**纬向裁剪**——使用这种方法时，裁片与布边呈90°角。纬向裁剪的服装部分偏向于装饰，如袖口、过肩、衣领和其他复杂的形状，如整圆裙。

**斜裁**——斜向裁剪，即裁片与经纱和纬纱都成45°角。斜裁服装通常较为生动，周身的悬垂效果也更好，但比较费料。

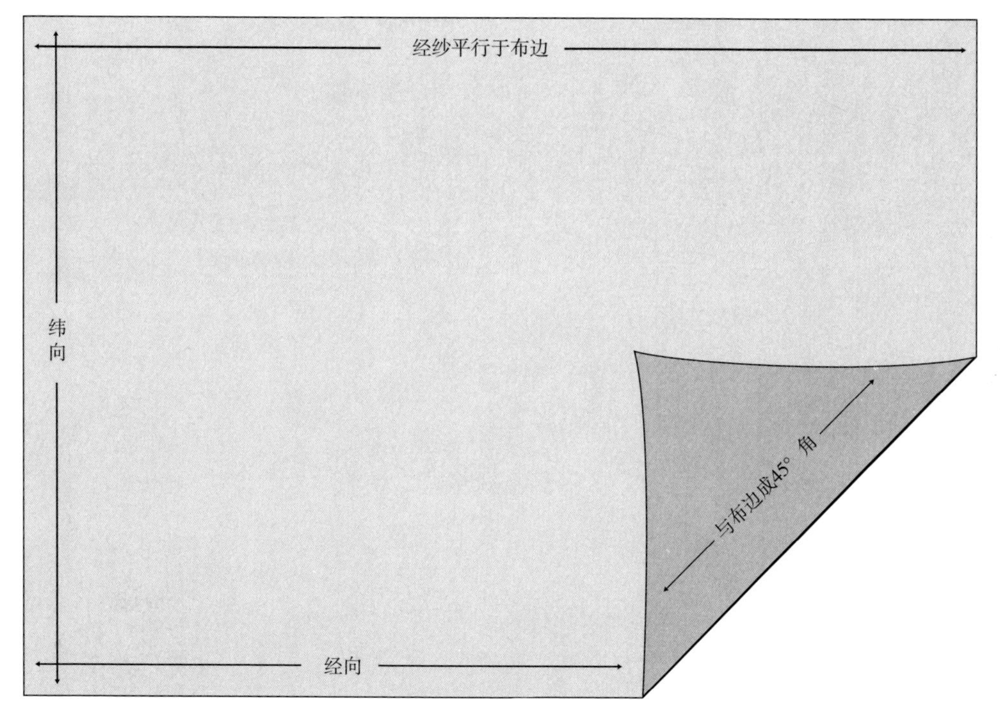


图2.73 服装裁剪中，布纹方向会影响面料在人身上的悬垂效果

## *准备面料*

按照纸样裁剪面料前，首先要仔细检查面料，需要注意以下方面：

**面料在裁剪前是否需要熨烫？**

**羊毛：**纯羊毛（或含羊毛纤维）的面料会缩水，因此在裁剪之前需要熨烫。

**棉/亚麻：**未经处理的棉或亚麻面料需在裁剪之前用蒸汽预缩，并熨平皱褶。

**真丝：**真丝面料不会缩水，但最好熨平皱褶，以方便按照纸样进行裁剪。使用无蒸汽的干熨斗。

**合成纤维面料：**合成纤维面料不会有太多皱褶，也不会热缩，只需用无蒸汽熨斗熨烫即可。

**裁剪面料需要注意方向吗？**

**绒毛：**有些面料的一面或正反两面有绒毛，其纤维末端会呈现在面料的表面，使其触感柔软。这样的面料有天鹅绒、灯芯绒、毛皮或拉绒棉等，裁剪这类面料时，只能沿着一个方向裁剪。

**光泽/色彩：**有些面料从不同的角度看，会有不同的光泽或色彩。因此裁剪时应注意面料的方向。

**如何确定面料的正反面？**

购买服装面料时，面料的正面通常向内对着布匹卷筒。如果面料上没有明确标注面料的正反面，那么外观质量较好的一面就是正面，或者可以通过观察布边来确定，通常布边上有打孔针眼的一面就是反面。

**面料边缘是否顺直，是否需要拉直？**

将面料摆放在桌子上，观察其边缘。有些面料需要用手朝两个方向拉直理顺。若需要参照平直的纬纱方向，可用手抽出一根纬纱作为标记线，然后沿着该纬纱线裁剪面料。

## 平铺纸样——确定裁剪方案

### 按照正确的布纹方向铺料

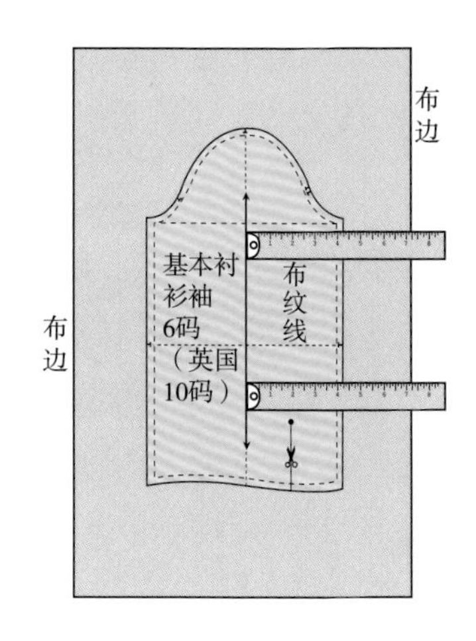


将纸样裁片正确地放置到面料上，一定要注意纸样上的布纹方向信息（即纸样上的长箭头）。一旦确定好放置纸样的方向，就要确保布纹线与布边平行。要使纸样裁片放置准确，应该保持在布纹线的两端从布纹线到布边的距离相等。

### 双层铺料

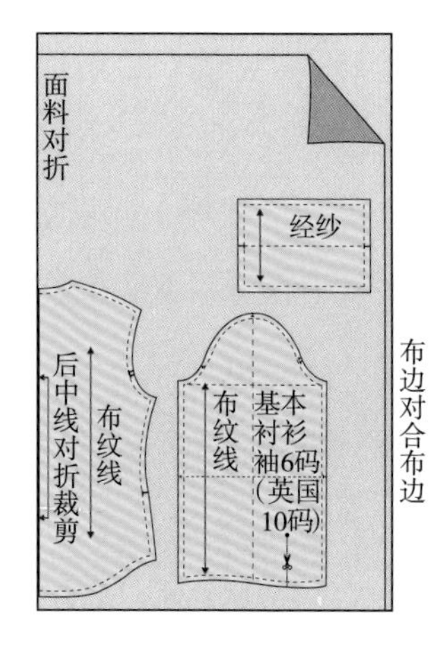


这是最简单的面料裁剪方法。纸样只有一片（例如，一个前片，一个袖子，一个后片等），上面标有“裁剪2片”或“裁剪一对”的标记。有些纸样只是一个完整纸样的一半，上面标有对折线和标记信息，如“对折裁剪”（即1/2领子，1/2过肩等）。裁剪时，首先要将面料的布边与另一侧布边对折，要确保面料完全重叠，然后将纸样铺在面料上，当然，应尽可能节省面料。如果面料没有光泽或绒毛，裁片则可按任意方向进行铺料。

### 单层铺料

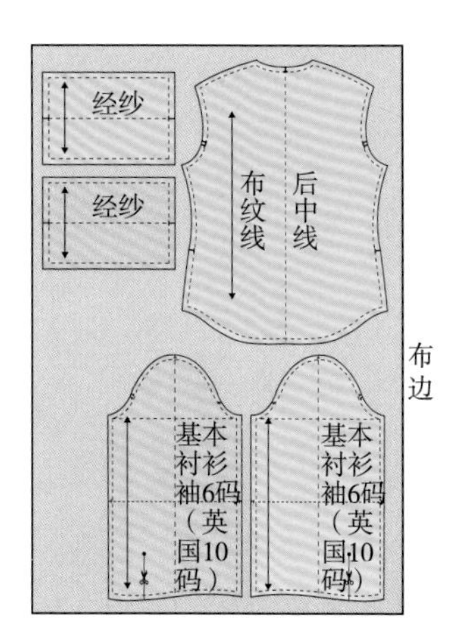


这种裁剪方法要求服装纸样必须全部画出（整个前片或后片），上面标有“裁剪1片”的标记，这种方法是在纸样裁片不对称或面料上有图案时使用。将面料沿着布边的长度方向从左至右单层铺开，如果面料上有单向设计，纸样要沿着一个确定的方向铺料。

### 有绒毛或单向设计的面料铺料

这样的面料可以单层铺料，也可以对折双层铺料。重要的是确定绒毛或面料图案的方向，并清楚地标记在面料上，然后将所有纸样沿一个方向铺好，并沿布边从下方开始铺料。

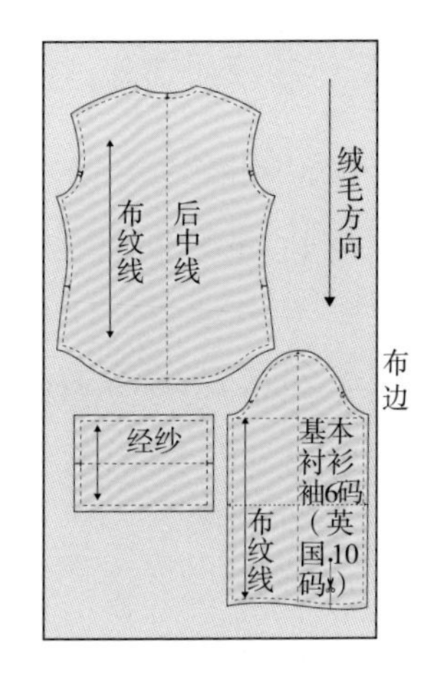


### 纬纱方向（水平方向）铺料

这种方法用于纸样形状比较复杂且其他裁剪方法都不适合的情况，如整圆裙的纸样。将面料按照纬纱方向/水平方向对折，使布边相对（不是对折经向布边）。如果面料有绒毛，则需要沿对折线将面料剪成两片，并将其中的一片反向平铺在另一片上，保证面料的反面对反面，这样才能使面料上的绒毛朝向相同。

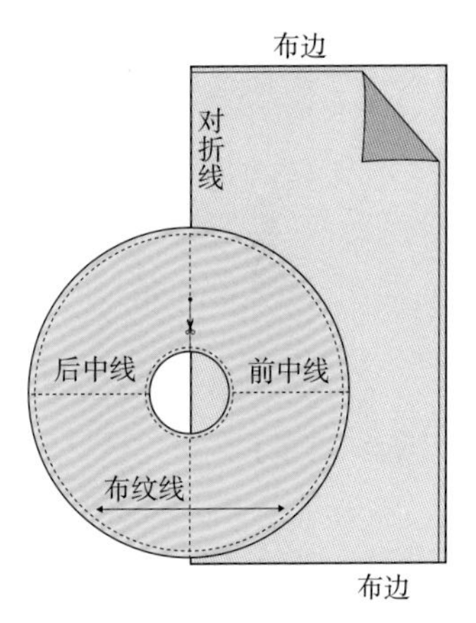


### 条格面料铺料

裁剪条格面料前，需要首先确认条格图案是否对称。如果图案是对称的，那么既可以双层铺料，也可以单层铺料。双层铺料时，要确保每隔10cm将条格固定一次，这样可以避免发生相对称的服装裁片上（如袖子和前片）的条格图案错位的现象。与相邻裁片上的图案匹配也很重要，因此，需要先在面料上标记出主要条格，然后与相邻的裁片相匹配，尤其要注意侧缝、前中线和后中线、袖窿和袖子、口袋、贴边、袖口、过肩和领子等处的图案对称。

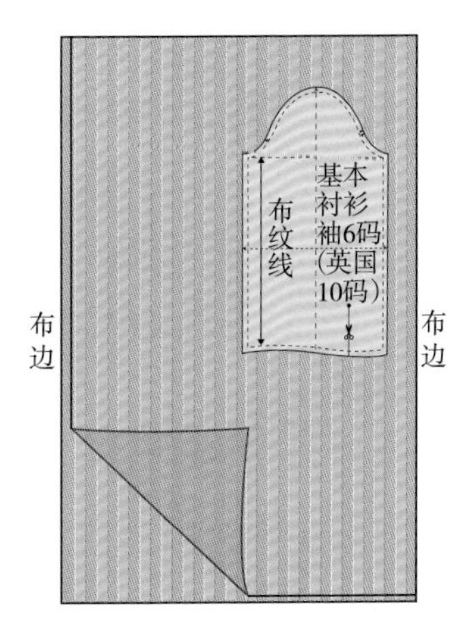

## 将纸样信息转移到面料上

一旦决定了要采用的裁剪方案，就可以将纸样转移到面料上了。首先，需要将纸样压住，然后用大头针将其固定在面料上，确保面料的方向与纸样上标示的布纹方向一致。沿着纸样的周围在面料上绘制好服装的轮廓，然后再将纸样拿开。这样做，可以避免裁剪面料时不小心裁剪到纸样。但是，必须要将服装制作所需的全部信息准确无误地转移到面料裁片上。将纸样上的信息转移到面料上可以参照以下方法：

### 划粉标记

使用划粉来标记某些位置，如省道末端和口袋的位置，这样做很简单且不浪费时间，但要注意面料正面不能有划粉标记。

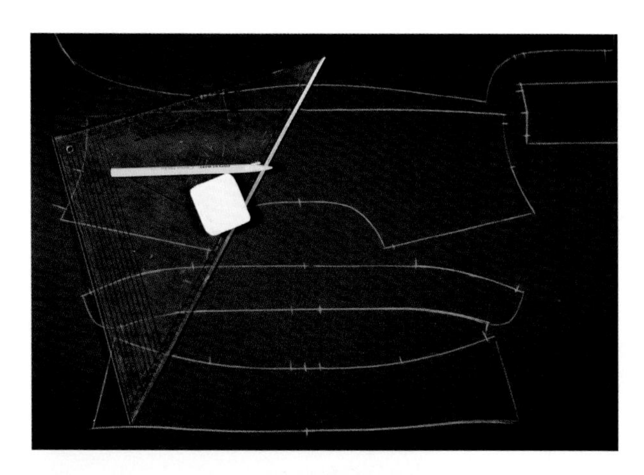

图2.74　划粉标记

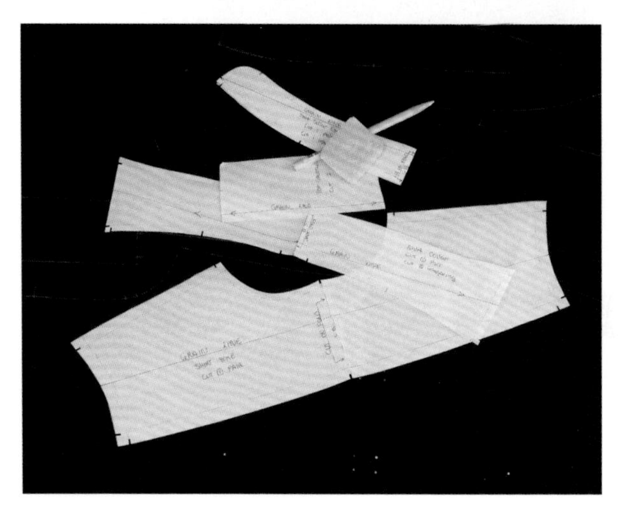

图2.75　将纸样信息转移到面料上

### 线丁标记

用双线在面料上缝制出标记点，这种方法可以用于非常纤薄而且细腻的面料上，或者看不出划粉痕迹的面料上。线丁标记可以在面料的正反两面都看到（划粉只能在面料的反面看到），而且抽出线丁后，通常不会留下任何痕迹。

### 激光和打孔标记

这种方法在工厂中较为常见，可以满足大规模生产的需要。例如，省尖点可以使用打孔器在省道内0.5cm处进行标记，这样可以避免小孔出现在衣服的正面。采用针刺穿多层面料或使用激光进行冲孔，都可以实现这样的标记。

图2.76　线丁标记

## 从业者访谈

## 和泉原田（Izumi Harada），侯赛因·卡拉扬（Hussein Chalayan）的顶级制板师

和泉原田是侯赛因·卡拉扬的顶级制板师，从业20多年。

### 你是在哪里接受专业训练的？

我曾在日本东京文化服装学院（Bunka Fashion College Tokyo Japan）学习，我的第一份工作是在山本宽斋（Kansai Yamamoto）的时装表演中当设计助理。

日本东京文化服装学院给我提供了很好的服装技术基础，但作为一名制板师，我是自学的。我从1998年开始为侯赛因·卡拉扬设计专门的橱窗展品，后来逐渐扩展到这个品牌所有类别的服装。

### 当诠释一个设计作品时，你喜欢使用3D技术还是真人模特？

如果要设计一种全新的风格，我通常更倾向于使用真人模特进行立体裁剪和制作，而不是使用服装板型，这种方法可以让我自由发挥，而其他方法则不能。如果过分依赖已存在的服装板型，则很难创造出全新的服装廓型。

### 在纸样裁剪领域中，你最喜欢哪个部分？

当然是立体裁剪。我真的很喜欢从非常简单的设计草图或还不成形的草图开始我的裁剪工作。我喜欢将自己的感受注入服装作品中的那种自由的感觉，当然，我也会非常尊重服装设计师想要表达的服装风格。

### 作为制板师，你面临的挑战是什么？

我面临着无数的挑战，这正是生活富有趣味的所在——在几乎不可能按时完工的情况下保持创造性，同时处理很多繁杂的事项，不管是秀前的服装系列设计，舞蹈表演，还是展会特报。我总是在试着将自己的想法与设计师沟通，帮助他们实现他们的创意。

### 技术对你的工作有帮助吗？

技术可以使繁琐的过程变得简单快捷，但如果你想使裁剪充满创意，则需要亲自把手放在服装面料上，去感受它。

### 对其他制板师或服装设计师有什么建议吗？

制板的方法是很有用的，但也不要害怕打破已有的规则。你只需要几个孔或一条斜线把头和手臂穿过伸出，就可以将一块面料变成一件衣服。不要因为教科书上的说法而限制自己，自由的思想才能创造一切。

# 练习

## 衣袖裁剪与衣领裁剪

### 衣袖裁剪

用不同样式的袖子设计三件简单的服装，用服装板型作为本章所述练习的起点和方法。尝试进行不同的设计，练习不同的纸样裁剪方法。

可以先完成下列裁剪练习：

- 一件有省道的紧身胸衣和抽碎褶衣袖（使用紧身的上衣基础板型）
- 一件有连身袖或和服袖的超大上衣（使用大衣板型）
- 一件有省道处理的带插肩袖的大衣（使用紧身的上衣基础板型）

先裁剪出这三种风格衣袖的纸样，命名并标记所有正确的信息，然后准备在面料上进行裁剪。

### 衣领裁剪

设计三款简单的领子，以贴身原型为练习起点。这些领了可从你自己的研究中寻找灵感，但要考虑它们如何与服装的其他部分搭配。练习时应该思考以下问题：衣服需要搭门吗？它将如何收口？领口是否需要有所改变？

可以先完成下列裁剪练习：

- 平直的彼得潘领
- 有单独立领的衬衫领
- 定制西服的翻驳领

先裁剪出这三种风格衣领的纸样，命名并标记所有正确的信息，然后准备在面料上进行裁剪。

### 综合练习

设计一款有领子和袖子的完整服装。认真想想这是件什么服装，它的整体廓型是什么样子。

思考以下问题：

- 衣服的开口方式（怎样穿上这件衣服？）
- 省道处理（增强或简化服装的造型线条）
- 设计细部，如口袋等
- 哪种布纹方向最适合你的服装设计？（斜裁还是直裁）
- 在你的服装设计中，领子和袖子如何搭配

你还需要决定使用哪种服装板型，并裁剪出相应的纸样，标记出所需要的正确信息，然后准备在面料上进行裁剪。

### 裁剪练习

首先，应认真思考要使用的服装面料，然后开始裁剪。切记，必须按照纸样上标记的布纹方向进行裁剪，且应考虑是进行两次裁剪还是折叠成对裁剪。

练习使用划粉、线丁或大头针在面料上按照纸样进行标记。可以多多尝试不同的技术来创造不同的服装风格。

应该选用比较便宜的面料进行裁剪练习（在铺料中也应如此），还要使所有的服装裁片与服装设计风格保持一致。

# Chapter 3

# 服装制作

本章介绍服装制作所需使用的各种工具和设备。读者将会了解到对不同服装面料进行手工缝纫或机器缝制所使用的各种技术，也将更加深入地了解高级定制时装和手工定制西服的历史。

服装制作可以被分成不同的专业领域：整个服装生产链的顶端是高级定制时装和西服定制，这是专门为私人客户提供的服务。而服装生产链的底端是工厂生产的成衣。与手工定制西服和高级定制时装相比，工厂生产的服装要比手工生产快得多。因为其大量的生产工作是借助机械设备和更加高效的服装制作方法进行的密集型生产而完成的。

本章将介绍用于服装制作的各种工具和材料，并介绍手工缝纫和机器缝制的相关技术。

◀图3.1　正在努力工作的学生

# 服装制作工具

下列工具及设备用于服装制作。在大部分缝纫用品商店里都能够找到手工缝纫或机器缝制所需的必备物品。但如果想花钱买工厂生产的机械设备，那么应该首先和贸易商谈一谈。

**布料剪刀/剪切机①：**根据面料的重量和厚度，可以使用不同种类的剪刀。一般情况下，使用中等大小的剪刀即可，但裁剪厚重的面料时，需要使用更大的剪刀。重要的一点是，剪刀握在手中必须用起来感觉很舒服，所以购买之前必须要试一试。购买刀具时，应该在能够承受的价格范围内挑选质量最好的。为了延长剪刀的使用寿命，最好只用剪刀裁剪服装面料。

**手工缝纫针②：**通常有各种各样的大小、形状和针眼的针可供选择。在大多数情况下，多使用中等长度(37mm)圆形针眼的细针。

**卷尺③：**在缝制服装时，裁缝师一直都把卷尺挂在脖子上，这样便于在制衣过程中能够随时进行测量。

**刺绣剪刀④**：这种剪刀小而锋利，刀刃尖锐，适合于极小细节部位的切割或剪线。

**划粉⑤**：这种划粉颜色多样，使用后也可以擦掉。还有蜡质或者合成材料的划粉，通常是黑、白两色的，它们在熨斗熨烫之后也会自行脱落。

**大头针⑥**：大头针有不同的大小和材质。使用不锈钢材质的35mm的大头针在进行缝制操作时，让人感觉非常方便顺手。在制作针织服装时，应当使用安全大头针，因为普通的大头针在缝制时很容易掉落在服装里。

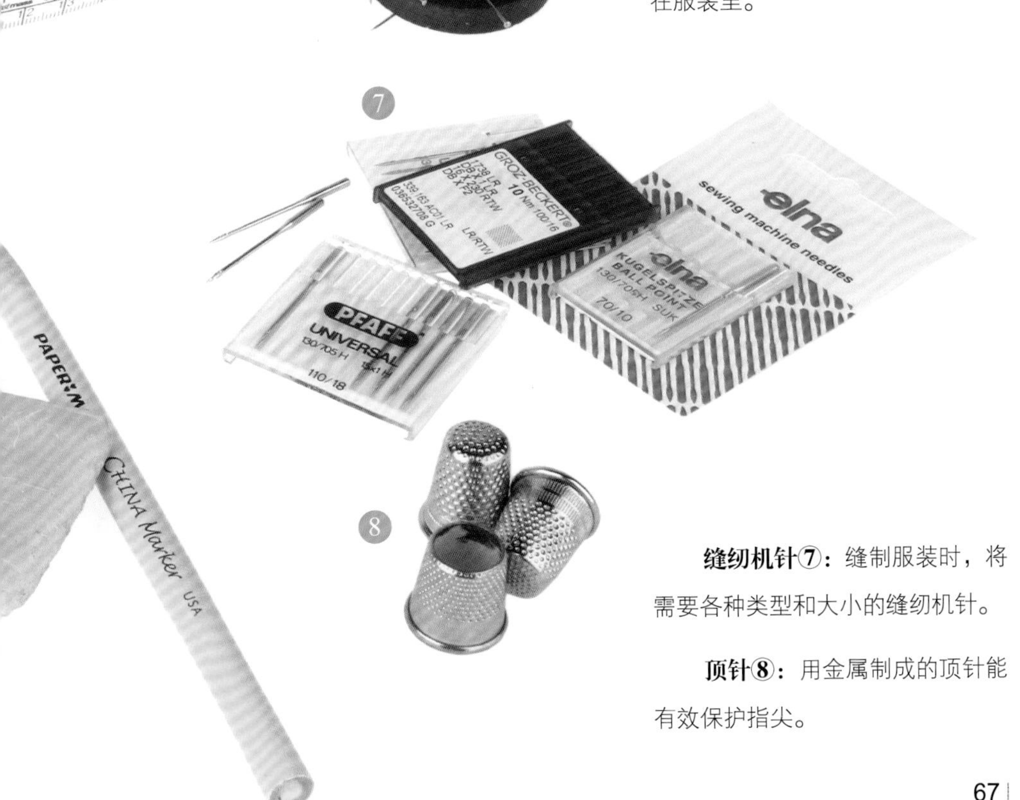


**缝纫机针⑦**：缝制服装时，将需要各种类型和大小的缝纫机针。

**顶针⑧**：用金属制成的顶针能有效保护指尖。

## 熨烫设备

**辅助熨烫板①**：适合袖口、衣领等小巧而有锐角的部位熨烫使用。

**针板②**：针板上的细针排列非常紧密，可用于压平一些特殊的面料，如天鹅绒、灯芯绒和拉绒等面料，同时能够很好地保护面料上的绒毛不受损伤。

**布馒头③**：牢固的布馒头有助于熨烫服装上的圆形部位或分割线处（如服装的胸部区域）。

**熨袖板④**：这是一种狭长且装有填充料的熨烫板，适合用来熨烫服装上长而直的缝合缝，特别适合熨烫已经缝合好的衣袖。

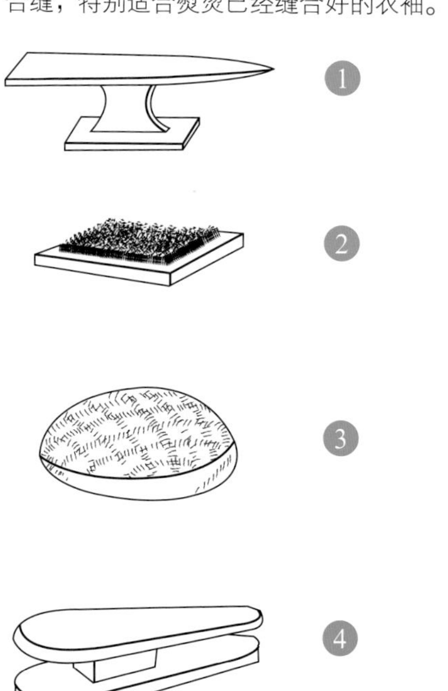


## 机械设备

**梭芯和梭壳⑤**：缝纫机的附件。

**平缝机⑥**：这种机器采用最基本的直线进行缝制，适用于任何类型的面料。

**锁边机⑦**：锁边用来保护面料的边缘，一般有三线、四线和五线之分，根据面料的类型选择锁边的类型。用锁边机锁边，就是用一连串的线将面料边缘进行包裹。同时，机器上的刀片会沿着面料的边缘将多余的面料和线头切割掉。

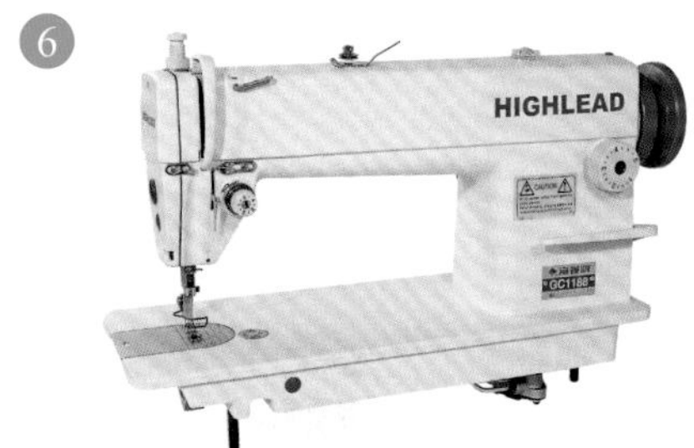


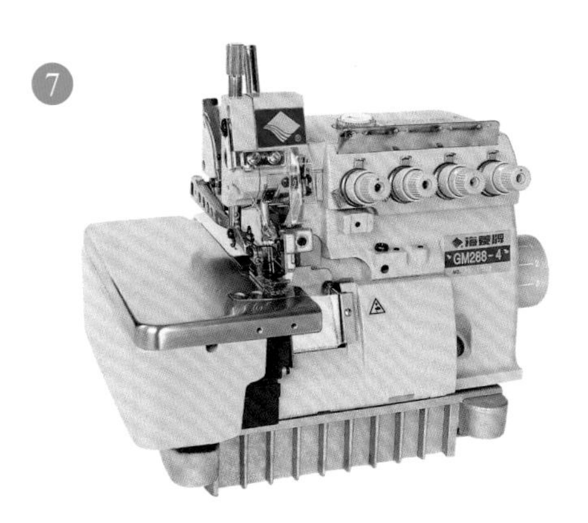

**缝纫机压脚⑧：**缝纫机压脚的类型多种多样，有缝合隐形拉链的拉链式压脚、单边/双边拉链式压脚（左）以及通用型缝纫机压脚（右）。

**绷缝机⑨：**用于缝制和完成针织服装和内衣。绷缝机的双针会在面料的正面形成两排针迹，在反面串套联结形成互锁的线圈。绷缝线会在面料的一面或两面形成互锁环。

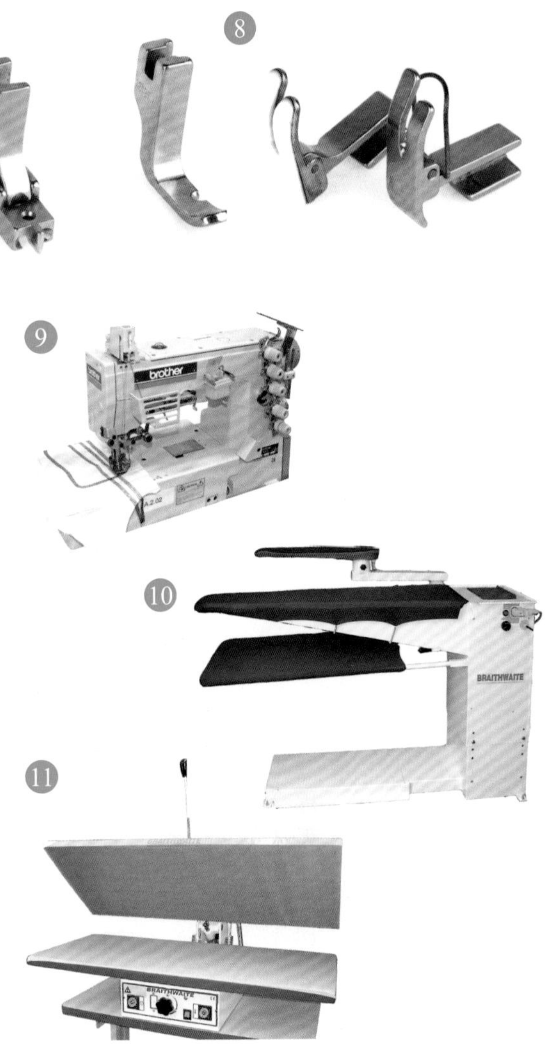


与锁边机不同的是，此机器不会切割掉多余的面料。

**锁眼机**（图中未展示）：这种机器能制作两种扣眼：一种是“钥匙孔型”扣眼，一种是“衬衫纽扣型”扣眼。后者是较为普遍的类型，而“钥匙孔型”扣眼主要应用于定制服装，如大衣和西服套装等。

**工业熨斗和烫台⑩：**工业熨斗比家用熨斗更重、更耐用，蒸汽的压力也会更高。它可以与专业的真空烫台一起使用，其形状与一般的烫台一样，通常还配有一个较小的熨烫衣袖的熨烫板。机器下面的踏板可以让使用者在熨烫时临时制造一个真空环境；空气和蒸汽透过面料被吸入到机床上，这样减少了空气中的蒸汽，使面料更加服帖于熨烫板上，也更便于操作。

使用机器熨烫时，面料很容易起皱褶，所以将面料压平很重要。如果没有压平，服装上的接缝就会很不平整。没有经过熨烫的服装，看起来就像还没有完成一样。

**热熔黏合机⑪：**热熔机是一种工业用机器，用高温熨烫的方式将黏合衬粘贴在服装面料上，比工业熨斗更加高效和耐用。

## 选择合适的缝纫线

如今，各种颜色和粗细的缝纫线可以适用于各种各样的服装面料。缝纫线的材料有天然的，如棉线或丝线，也有合成纤维的，如涤纶线。棉线主要用于棉、麻或羊毛面料，而丝线用于丝绸或羊毛面料。对于大多数手工缝纫来说，丝线是很漂亮的线，因为它比较光滑可以穿过任何类型的面料。涤纶线既可用于天然纤维的面料，也可用于合成纤维的面料。

**绷缝线（粗缝线/假缝线）**

绷缝线是一种松捻的棉纱线，很容易弄断。它被用来标记暂时的针迹，是一种临时的、可以在不需要时去除的线迹。

图3.2 锥形筒上的线

图3.3 线轴上的丝线

图3.4 棉线

图3.5 缠绕在卡片上的羊毛线和亚麻线

图3.6 金属线

图3.8 面线（明缝线）

图3.7 成捆的装饰线

图3.9 锦纶线

# 缝合

缝合是服装制作过程中连接两片或两片以上面料的最基本的方法。缝合后的缝份通常应该在衣服的内侧，但使用的缝合方法不同，缝份的朝向也有所不同。缝合也可以被用来塑造服装的廓型，同时也会对服装的设计产生影响。有些缝合是用来加固服装的某些部分(如紧身胸衣)，而有些缝合则只是满足设计之需。在制作服装时，要选择合适的缝合形式，这需要考虑以下两点：一是不同的服装面料；二是不同的服装款式。你需要在不同风格的缝合方法中选择合适的，当然，你也可以创造出自己特有的缝合样式。

## 开始缝合

这里介绍的缝合是使用缝纫机缝制的。缝合前的准备有两种方法：一种是将面料裁片摆放在一起，然后用大头针把它们固定住。另一种（也是更加安全的）则是将面料裁片摆放在一起，然后沿着线迹用手工粗缝的方法把它们固定在一起（请参阅本章“疏缝”“卷边缝”的内容）。

一旦面料准备妥当即将其放在缝纫机压脚下，并开启缝合过程。先向前车缝几针，然后再沿着同一条线迹转回来向后缝几针，之后再掉头向前车缝，这就是所谓的回针。当车缝进行到面料的顶端时，应该掉头向后重复缝几针，然后再向前继续车缝，这样可以确保缝合线足够牢固。同时，也要确保在进行下一阶段的缝制前整齐地剪断所有的线头。

## 普通缝/平缝

这种缝合方式是最基本、最常见的一种，其缝份宽的范围为0.5~2.5cm之间。

- 将两块面料裁片正面相对摆放在一起，采用长针进行粗缝，将缝份连接在一起。
- 使用平缝机(锁缝)进行缝合，这样可以形成一条直线。
- 针距长度可以用缝纫机进行调整，可由1mm改为5mm(基本针距长度为2.5~3mm)。
- 可以对缝份进行锁边或滚边处理，以防止边缘磨损。
- 这种缝合方式可以将缝份分开烫平，也可以倒向一侧烫平。

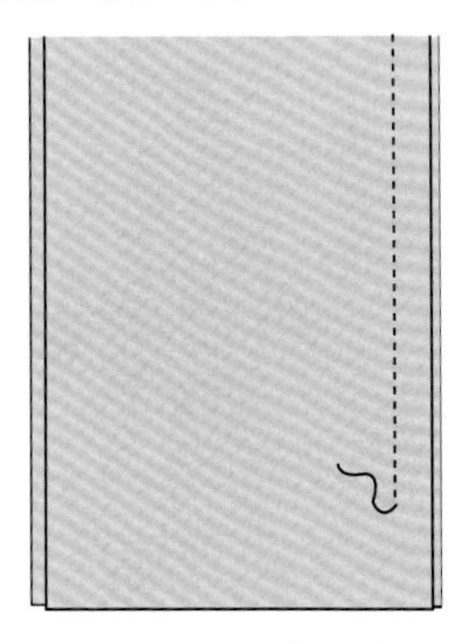

图3.10　将两块面料缝合在一起的普通缝方式

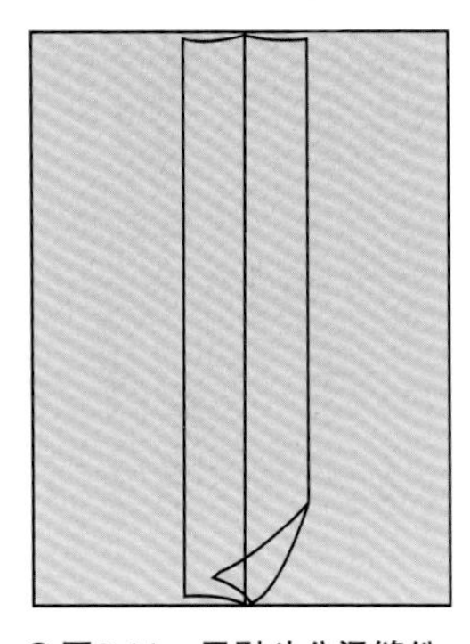

图3.11　用熨斗分烫缝份

图3.12　经过锁边的缝份被分烫开

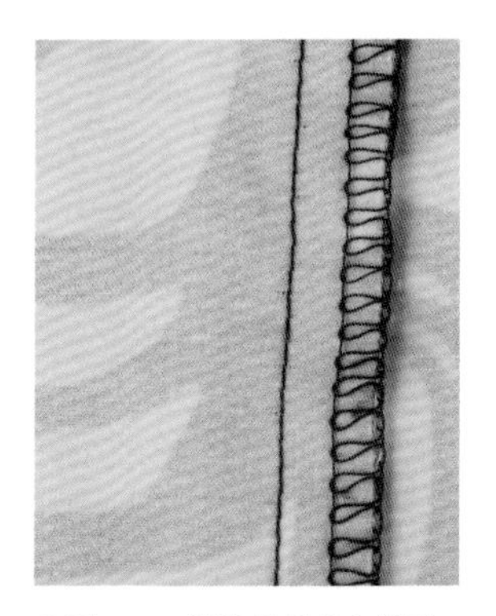

图3.13　锁边缝份单向烫平

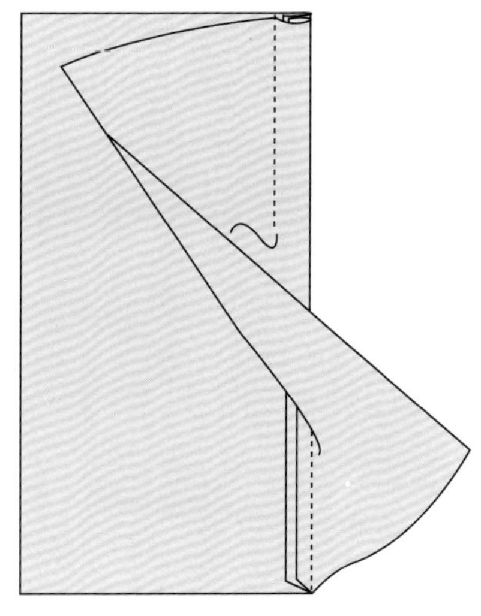

图3.14　法式缝的技术图解

## *法式缝（来去缝）*

法式缝能够打造出光滑整齐的布边，因而主要用于透明材质和较精细的服装面料上。这种缝合方式是高级定制时装的最爱（也是这种缝合方式的发源地）。这种缝合方式的缝份共需1.2cm。

- 首先，将服装面料的反面相对放在一起。取0.5cm的缝份，在面料的正面进行缝合。
- 然后打开面料把内部的缝合缝翻向外部，将面料的正面相对放在一起。取0.7cm的缝份，包住之前缝好的线迹，再进行缝合。
- 将面料打开缝份倒向面料的一侧，用熨斗熨平。

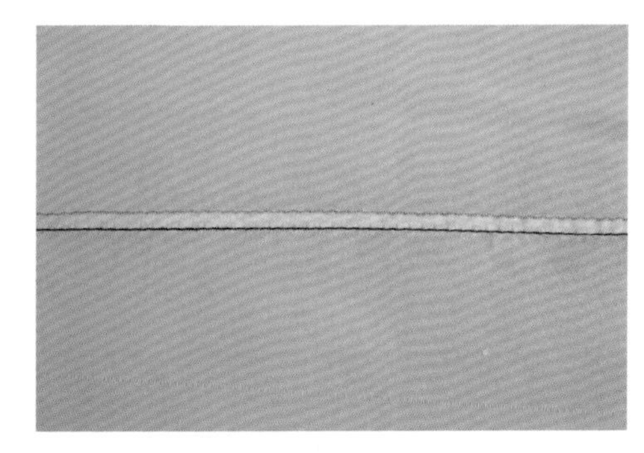

图3.15　法式缝的面料反面示意图

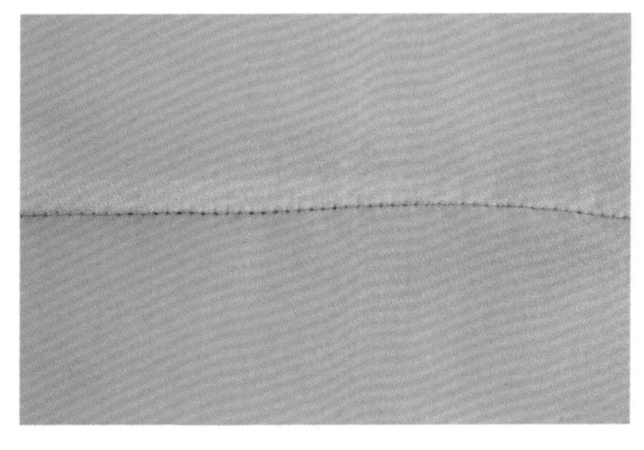

图3.16　法式缝的面料正面示意图

## 明包缝（外包缝）

明包缝被广泛用于牛仔服装、男士衬衫和工作服的制作上。这是一种比较耐磨，把自身布边进行包缝的缝合方式。它会在服装的正面留下两行缝线，在反面留下一行缝线。通常一边的缝份为0.7cm，而另一边缝份为1.7cm。

- 将面料的反面相对放在一起，留有0.7cm缝份的面料比另一块面料向前移1cm的距离。
- 从外边缘取1.7cm的缝份进行缝合。
- 将1cm的缝份扣折覆盖在0.7cm的缝份上，然后用熨斗熨烫压平。
- 完成后，从扣折边缘（边线）的1~2mm处压线缝合。

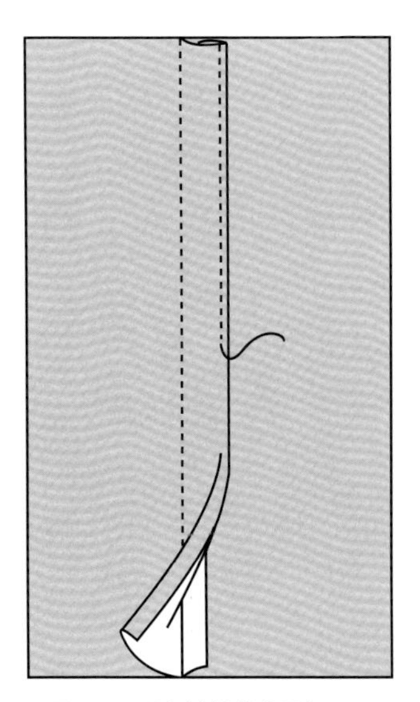

图3.17 明包缝的技术图解

图3.18 牛仔裤正面的明包缝

## 贴边缝

贴边缝易与明线缝混淆，但仔细观察，贴边缝的一侧有明显的隆起。贴边缝是最坚固的缝合方式之一，它应用于诸如设计师定制服装或牛仔服装上。根据贴边剪裁的最佳宽度，对于完成后宽度在1cm以内的贴边来说，留1.5cm的缝份比较合适。

- 将面料的正面相对，然后取1.5cm的缝份沿直线车缝。
- 缝份倒向一侧熨烫。
- 从止口缝的缝份上修剪几毫米。
- 面料正面朝上，明线包缝被修剪过的边缘。

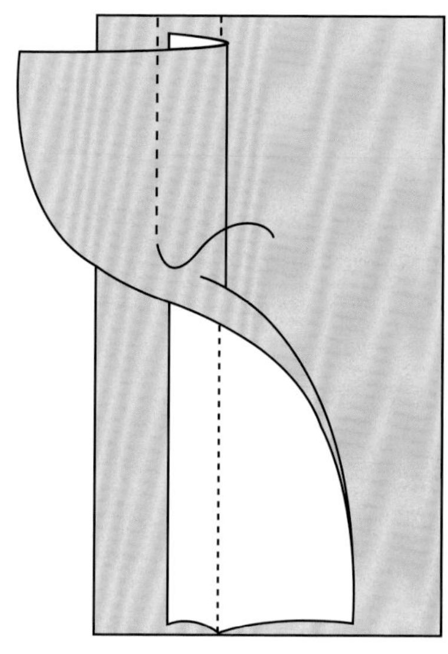

图3.19　贴边缝的技术图解

## 缝份处理

缝份的毛边通常需要处理，以防止面料被磨损。用来处理缝份的技术取决于服装的风格和预算。以下是一些可供选择的方法：

1.清理缝份毛边的最简单、最方便的方法就是用三线或四线的包缝机锁边。

2.法式缝与缝份处理是同时进行的。这种方法比较耗费时间，因此价格昂贵，但是为处理一些精细的面料和透明面料提供了一种不错的方式。

3.在半衬里上衣或没有衬里的上衣和长裤的缝份上，经常采用绲边缝份。

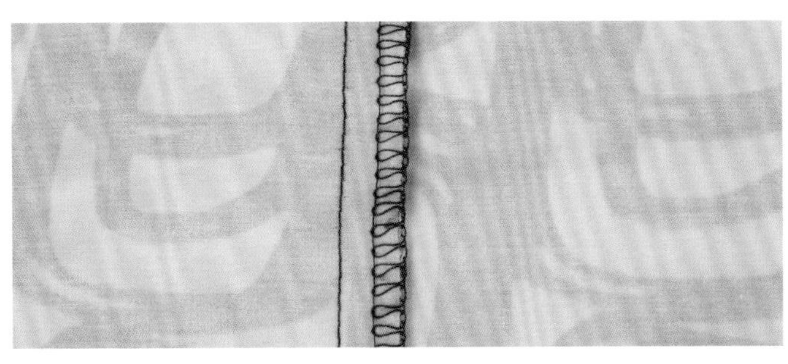

图3.20 锁边缝

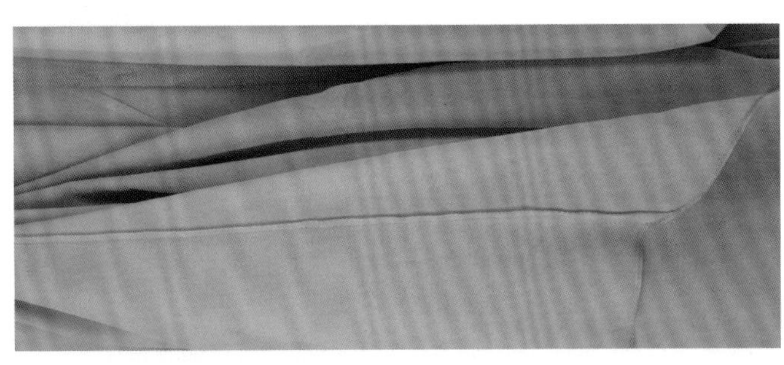

图3.21 法式缝

图3.22 缝份绲边的后中片

## 衣边和缝份的绲边处理

任何服装部位的毛边，如底边、领口、缝份等都可以使用绲边的方法进行处理。绲边可以采用任意宽度的布条，当绲边采用机织面料时，一定要按照斜丝方向裁剪面料。绲边在服装面料的两面都清晰可见。

- 将要进行绲边处理的面料的缝份用剪刀剪下（除了要对缝份进行绲边处理）。
- 从选定的面料上裁剪下绲边要使用的布条，布条的宽度应为最终形成的绲边宽度的四倍。
- 将布条的反面沿长边对折，纵向熨烫。
- 打开布条，将布条的长边依据熨烫形成的中缝对折，再次进行熨烫。
- 用准备好的绲边布条将要进行绲边处理的毛边包裹住，并用大头针固定。要确保绲边布条的中缝与服装面料的毛边对齐。
- 将准备好的绲边放置于缝纫机下，沿服装面料正面的绲边边缘缉明线，抓住绲边的两端，边缘缝线要缝上所有层数的面料。

图3.23　杰森·吴（Jason Wu），2016春夏服装系列

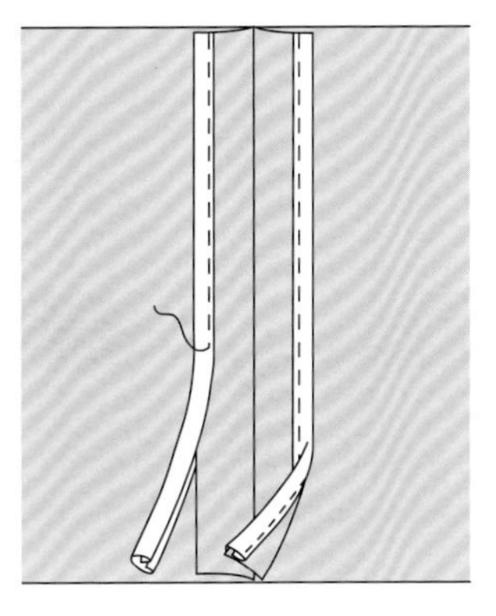

图3.24　绲边缝份分烫平整的技术图解

# 手工缝制工艺

现在的缝纫机非常精密、先进，可以处理一系列非常精细的缝纫工作。然而，在服装制作中，也有一些特殊的技巧性的领域，没有办法或没有合适的方法处理而必须使用手工进行缝制。手工缝制比较轻松，往往有助于在人和服装之间建立一种特殊的联系。使用正确的针、线以及用顶针来保护手指是非常重要的。可以选择坐在一张带有脚踏板的舒适的椅子上进行手工缝制，这样就不必弓腰驼背地去工作了。当然，还要确保工作环境的光线充足。缝制时，应该从远到近地进行，且不要把线留得太长，因为这样线会打结。此外，也不要将线拉得太紧，否则，过紧的针迹会显现在服装的表面。

## *开始手工缝制*

首先，要在线的末端打一个小结。开始手工缝制时应使用倒缝针法。用手拿起要进行缝制的一小块面料，将打结的线穿过面料，然后在相同的点再次进行缝制，形成一个线圈。再将线穿过这个线圈，以固定打好的结，以防它滑出。

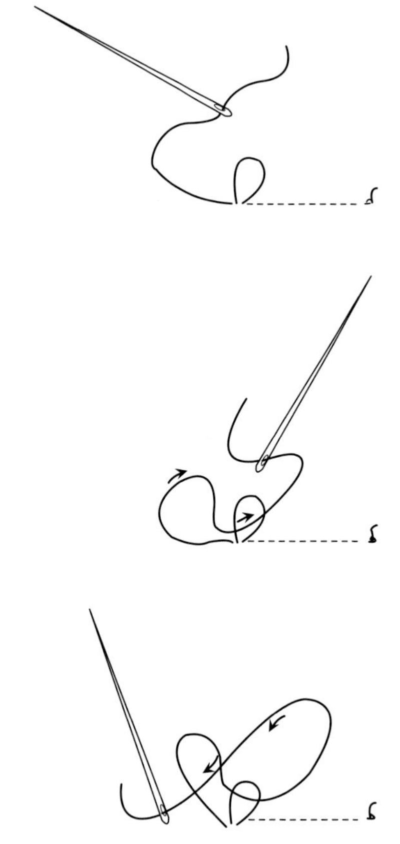

图3.25 如何在手工缝制开始和结束时固定线头的技术图解

## 疏缝

疏缝是用来暂时将服装的各个部分缝接在一起的针法。针脚大，无张力，一般使用色彩对比鲜明的线。其缝制过程，也被称为加固针法或绗缝针法，是用不打结的线进行倒缝。因为线的末端没有打结固定，所以线迹很容易拆除。疏缝针法也可以用来缝接两块相同面料的边缘，如欧根纱和硬缎，使这两种面料可以当成一种面料来使用。

图3.26　用疏缝针法缝合在一起的蕾丝面料和欧根纱

### 机织面料

暗缲缝

- 将大约0.5cm的面料边缘向后折，并采用暗缲缝从服装面料的内侧进行缝制。
- 在面料的外层挑起一根或两根丝（确保衣服正面看不到缝线），沿边缘用非常小的针脚进行缝制。
- 每个针脚相隔约1cm的距离，这样缲缝出的边缘可以达到平整的效果。
- 面料的边缘可以在缝制前熨烫（缝制前的熨烫是用熨斗对折边和外层面料进行熨烫）。这意味着，熨烫后有时会出现发亮的线，但面料的外层不会显现。

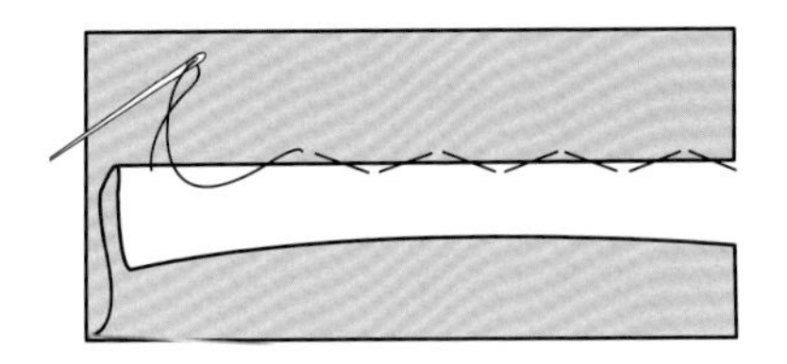

图3.27　暗缲缝的技术图解

## 卷边缝

卷边缝可用于任何形式的底边（连接两层面料），如裤子、袖子或裙子的底边。卷边缝的线迹从缝制面料的正面是看不到的，而且里面的线也几乎显现不出来。

图3.28　裙子底边的暗缲缝

### 针织面料或针织品

针织面料和针织品都具有天然的弹性。如果必须使用手工缝制来完成底边的加工，需要确保线迹不会影响面料的弹性。十字针，也被称为“8字”针或“三角”针，比普通的暗缲缝针法更具有弹性，因此非常适用于针织面料和针织品。

如有必要，在手工缝制之前可以对面料的边缘先进行锁边处理。

### 十字针

- 将服装的内侧向外翻出，扣折面料边缘至少0.5cm留作缝份。
- 从左至右进行缝制。
- 固定折边上的缝份，在面料外层挑起一根或两根丝。
- 接下来，在面料和折边处用非常小的针脚进行缝制，然后继续刚才的过程。用缝线制造交叉点，使每个交叉点相距0.7cm。

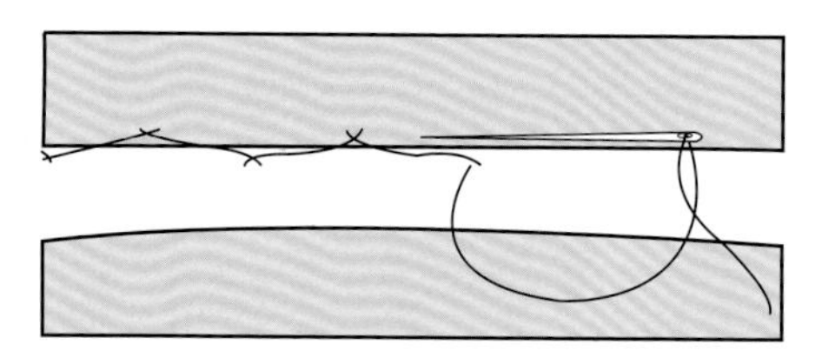

图3.29 十字针的技术图解

### 透明面料和丝绸

为了达到面料边缘隐形的效果，通常使用卷边和缲缝技术。这种手工缝制通常用于丝巾和由非常柔软的面料制成的女式衬衫袖口的缝制上，当然，它也可用于任何边缘需要精细处理的物品上。

- 使用打结的线，并在起点采用倒缝针法。
- 然后，将面料向服装内侧（反面）卷动，将边缘翻卷到下面，这样就形成了一个卷筒状。
- 从面料的外层挑起一根丝，要确保在服装面料的外层看不到。
- 然后用几毫米的针脚在翻转/卷起的边缘上缲缝。
- 针从卷筒边出来，再从面料的外层挑起另一根丝并用针缝制。重复这个步骤，确保从服装的外层和内层都看不到线。
- 因为这是一种非常精细的处理方法，所以在缲边时要确保不挑太多面料上的丝。应用细针和细线将使整个操作更容易。

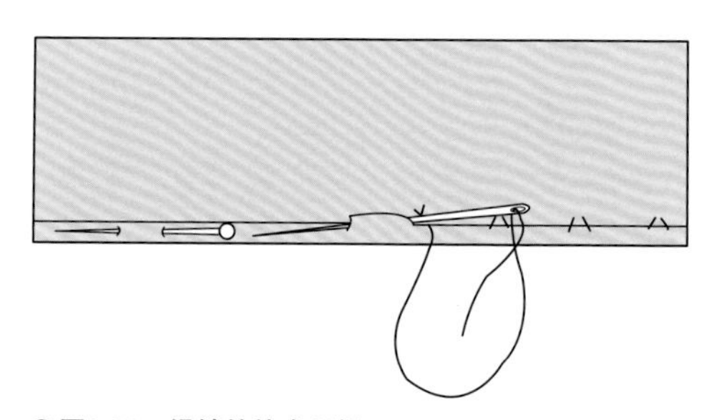

图3.30 缲缝的技术图解

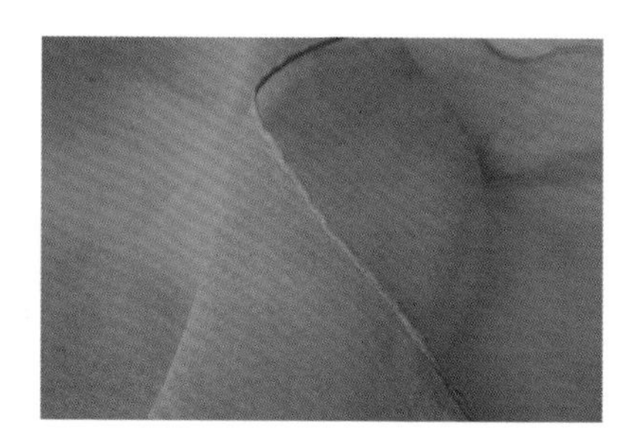

图3.31 卷边和缲缝针法完成的丝巾

## 衬里

制作外套时，需要先将外套面料的边缘和暗缝缝合起来，然后将衬里准备好，并缝合到面料的边缘上。外套衬里的长度要比外套面料边缘短约2cm，但裁剪时要留出足够的长度，这样才能给扣折的部分留有余地，便于进行纵向处理（请参阅第八章的“衬里”）。

在外套面料边缘上将衬里扣折约1cm，然后将外套面料边缘约1cm固定在衬里的边缘上。可以使用缲针或拱针来缝合衬里。

## 缲缝

- 在起点处固定好线，然后抓起少量的服装面料边缘。
- 不要从服装面料的正面抓起。
- 然后立即在面料凸起的部位，用几毫米的针脚进行缲针缝制，每当出针时，再用手抓起少量服装面料边缘进行缝制。继续从右前方向左前方缝制，同时要记住这是外套的内侧。

## 拱缝

- 拱缝与缲缝针法类似，但它是后者的加强版。不同之处在于，使用针缝制服装面料的边缘时，拱缝必须返回（回针）才能采用缲缝技术缝制衬里。
- 这种针法也可用于缝制拉链。

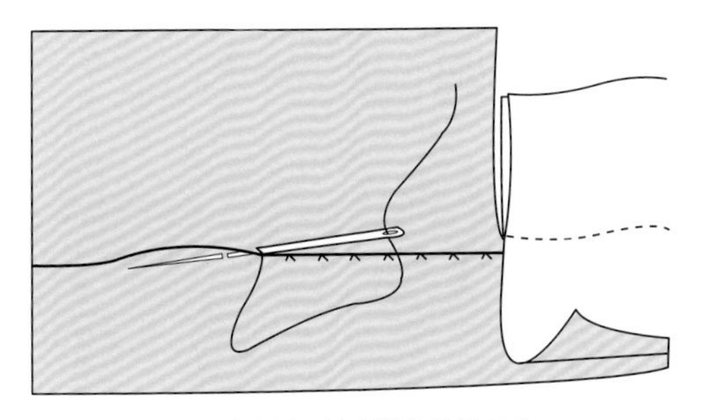

图3.32　用缲缝将衬里缝在服装的边缘上

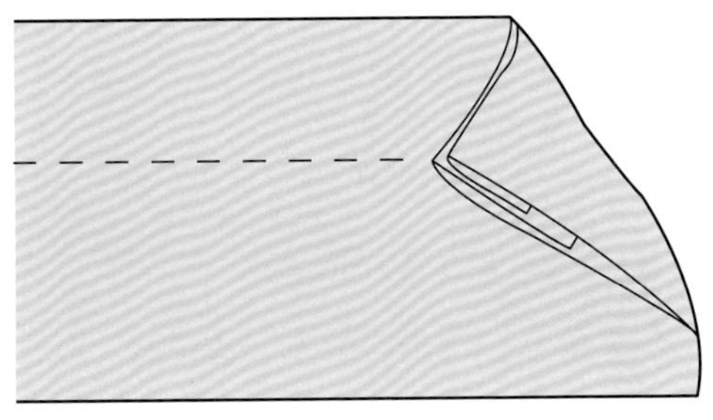

图3.33　缝合于外套边缘的衬里

图3.34　拱缝的技术图解

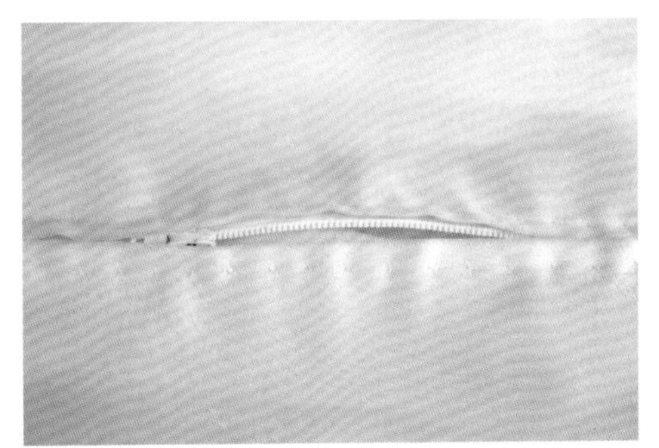

图3.35　用拱缝缝制的裙子拉链

## 其他手工缝纫针法

其他手工缝纫针法可用于服装的装饰效果或优化服装上的一些不足之处。

图3.36 用锁缝针法对羊毛面料进行装饰性的边缘处理

### 锁缝

- 锁缝是一种装饰性的手工缝纫针法，也可以用来处理服装面料的毛边。
- 确定好进行手工缝纫的深度和长度，将针垂直插入面料，始终保持相同的间隔距离和深度。
- 手工缝纫时要从左至右，使针从面料的后面穿到前面，并从线圈中穿过去。
- 确保线结打在面料边缘的顶端。

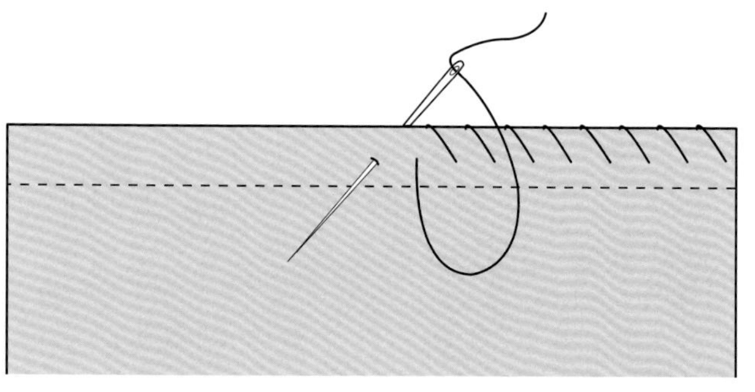

图3.37 包边缝针法

### 包边缝

- 包边缝是用来处理服装面料毛边的针法。
- 缝制时要从右至左。
- 将针从后面向前面穿过面料的边缘，每针针脚为2~3mm。
- 将针朝向左侧，并在面料边缘斜着缝制相同距离和深度的针脚。

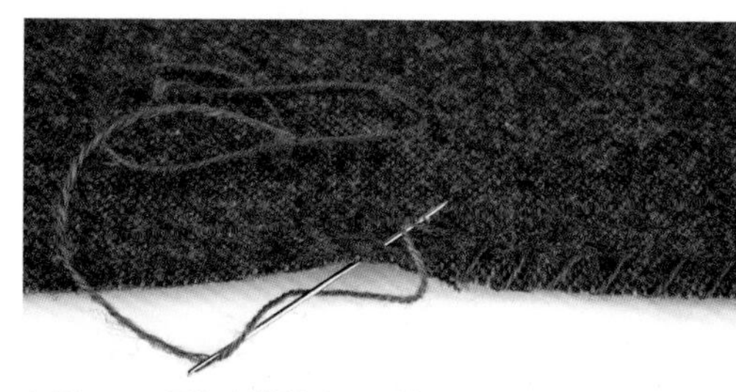

图3.38 用包边缝针法处理羊毛面料的毛边以防磨损

## 三角打结加固

有些特殊的缝纫针法可以用来改善服装的一些缺点。例如，用“三角结”或“牛脚结”的针法加固可能会承受很大拉力的部位，如裙子的开衩、袋口的末端或褶皱的顶部等。

- 用线或划粉标出三角形的位置。使用纽孔线进行缝纫，要在线上打结。
- 从左下方开始，将针从反面穿到正面。
- 从面料的右侧插针，将针穿过三角形的顶端，缝纫的针脚要小。
- 将针移到右下角，然后从右下角至左下角再次进行缝纫。
- 从右至左继续这个过程，缝合紧密，直到三角形完成。

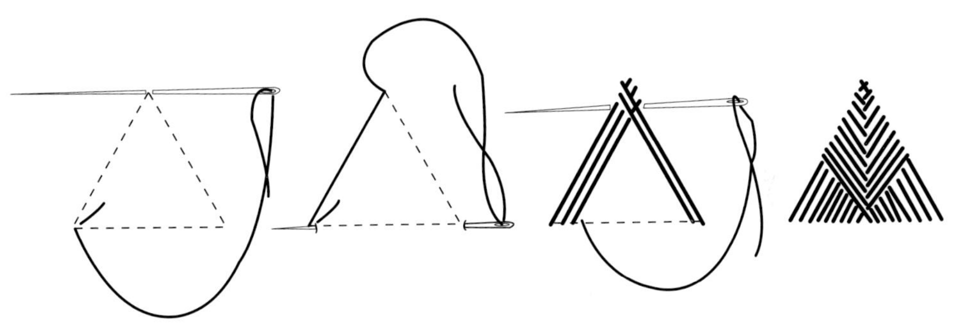

图3.39　三角打结针法

## 装饰针法

一些装饰性的缝纫针法可以用来连接两块面料的边缘，如“装饰线迹接缝”。这是一种刺绣针法，可以形成一种开放的花边效果。

- 首先在一张纸上画出所需宽度的平行线。
- 将两侧相邻的毛边折到下面，并把这两条边固定在纸上。
- 用斜缝针从一侧穿到另一侧，将两布边连起来，在每条斜线下面形成一个交叉点。

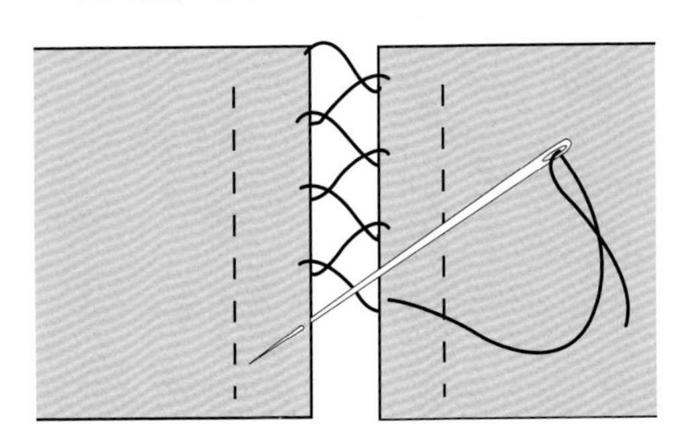

图3.40　装饰针法

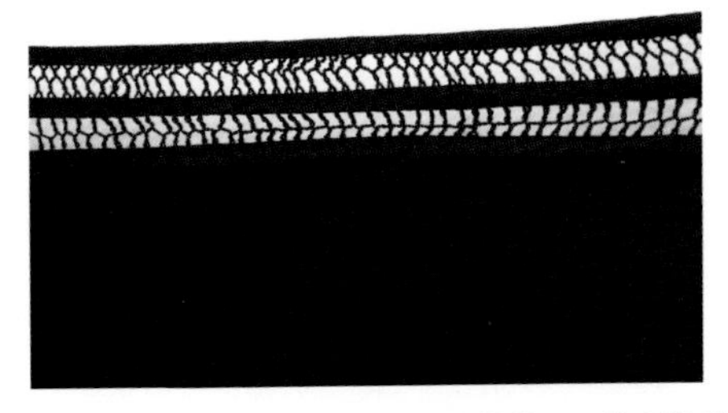

图3.41　一种用来处理面料边缘的手工缝制的装饰针法

## 从业者访谈

### 莎伦·斯托克斯（Sharon Stokes），服装样衣制作师

莎伦是一位服装样衣制作师和缝纫师，她的客户包括贾尔斯·迪肯（Giles Deacon）和拉法（Rapha）在内。她是业内一位非常有才华和备受尊敬的缝纫师，在这个领域已经工作了25年以上。

**你的经历对你现在从事的职业有什么影响？**

它带来的影响真是挺大的。到1987年的时候，我已经专门学习了四年的时装设计。从那以后，我大部分时间都是从事自由职业，几乎都是缝制服装的样衣，但我也时不时地进行纸样裁剪的工作。在过去的五年里，我一直为高街时装的供应商们提供女装的制作技术。

**服装制作过程对时装设计有多重要呢？**

我认为这是至关重要的部分，因为服装的制作过程可能意味着一件服装最后的成功或失败（当然，设计、纸样、布料和裁剪也都非常重要）。例如，错误的缝纫可以完全改变一件服装作品的悬垂感、外观、感觉和性能。例如，法式缝法可以为雪纺面料做出非常漂亮的布边处理，但如果用在不合适的面料和不合适的地方，就会使一件衣服显得笨重且修饰过度。

**你在工作中花多少时间来试验材料？**

这取决于我具体做什么项目，有时可能需要几个小时，但有时需要几天的时间，变化比较大。

但是我已经为贾尔斯·迪肯工作了大约十年，有些服装面料我们使用了一季又一季，已经不再需要在这些面料的制成品上进行试验了，因为我们非常清楚这些面料的性能，以及将它们做成什么样的款式效果最好。

**为了提高你的工艺技术，你要克服哪些困难？**

经过多年的实践，我得出了这样的经验：当我拿到一块面料时，我的脑子就开始想象，把它制成一件衣服会是什么样子；什么样的结构比较好，采用不同经纬向的面料裁剪制作时，会出现怎样的悬垂效果。事实证明，这是非常有用的经验。

**你有什么建议给其他服装设计师和制造商呢？**

对于设计师而言，应该坚持绘画服装设计效果图，并参加各种服装展览。从任何可能的地方获得设计灵感，而不仅仅是跟随其他的服装设计师，比如建筑和自然界都能给人带来设计所需的灵感。

对于制造商而言，如果真想做服装产业，那么任何时候都少不了缝纫机。因为需要使用这台机器的机会太多了，千万不要把它束之高阁。

其实，做这样的工作，完全不需要从制作一件完整的服装开始。你只需要做一些小的或者细部的处理，并将它们保存起来，以后会用得着的。

还有，就是要学会拆解服装，你可能会拆掉很多的衣服，但不要让任何小错误打压你的积极性。如果你从错误中学到了东西，那么这个错误就是值得的。

还要看看服装的内部构造，尝试了解服装是按照怎样的顺序进行制作的。

# 练习

## 缝纫

试着制作一本包含不同缝纫样本的笔记本。采用简单廉价的面料（如印花薄棉布或薄纱）进行以下的操作练习：

- 平缝
- 法式缝
- 平接缝
- 绲边缝

*服装后期加工的小贴示*

仔细考虑服装的哪些部分应该与哪些部分缝合，以及制作步骤。试想一下，如果你的后期加工需要在服装设计之前或之后完成，你应该如何考虑袖子和领子的搭配问题。服装的有些部分可能必须手工完成。这时，一定牢记要熨烫接缝处，因为这样才能确保整洁、准确的后期加工和缝纫。

## 缝纫整理

尝试制作一本包含不同后期处理技术的笔记本。使用较为廉价的面料（如印花薄棉布或棉布）进行以下的操作练习：

- 开放式和闭合式包边缝
- 闭合式和开放式绲边缝
- 用大头针固定面料边缘
- 双针绷缝机

## 缝制服装

在裁剪好的服装面料上进行缝制(参见袖子练习与领子练习)。

应考虑以下几点：

- 这件衣服会用到几种缝纫方法？
- 这件衣服有衬里吗？
- 这件衣服需要哪些后期处理，这些处理会改变服装的整体设计吗？
- 制作这件衣服有哪些步骤？

# Chapter 4

# 特殊面料的加工工艺

本章详细介绍了专门处理特殊面料和材料的各种技术。在整个服装制作过程中，对面料进行的任何装饰和处理都可能给面料剪裁、缝制或后期加工带来一定的难度。这样的面料有毛呢、蕾丝、缀有亮片和珠子的面料、针织面料以及一些有绒毛的面料，如天鹅绒。而诸如皮革、皮草之类的材料，无论是天然的还是合成的，也都需要具备专业知识才能进行制作。

◀图4.1　阿西施（Ashish），2015春夏服装系列

# 毛呢面料

毛呢面料在加热、加湿以及摩擦的作用下就会收缩，进而使其表面变得非常密实。一些较知名的毛呢面料有罗登呢、麦尔登呢和大衣呢面料。由于毛呢面料的边缘不易被磨损，所以这种面料的布边可以不进行特别的处理。对于重量较轻或中等重量的毛呢面料，最常见的缝纫方式是使用平缝和明线缝法，或者使用绲边缝法。但是，处理这种面料还可以采用下面介绍的一些工艺。

## *拼合缝*

通过采用缎带或者任何具有强烈对比效果的面料作为垫层的拼合缝法，可以作为装饰性效果使用。

- 准备一个宽为3cm的长布条作为垫层备用，在长布条中间做标记。你可以使用对比效果强烈的面料或是搭配比较协调的面料。
- 将服装裁片两侧的毛边放置于长布条的中心线上。将长布条置于服装裁片的反面，保证其正面朝上。
- 现在，把服装裁片的每一条边都用明线缝法与长布条缝合。
- 如果需要的话，也可以在中间留出大一些的空隙，以增强装饰效果。

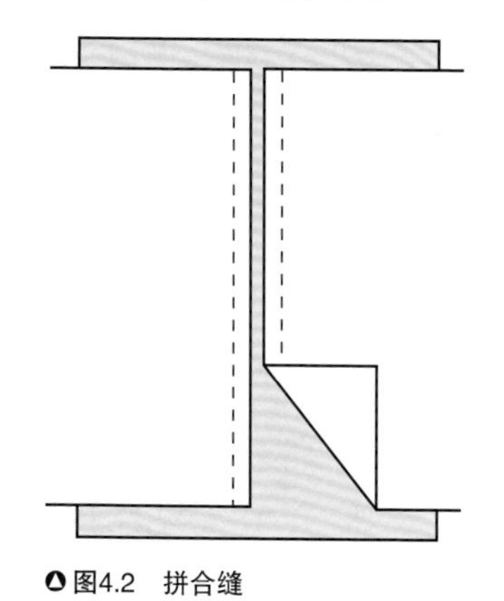

图4.2 拼合缝

## *明线缝*

处理毛呢面料的最好方式就是采用明线缝针法，当然也可以使用锁边针法，这样处理可以在面料的底边形成一种特别的外观效果。

- 为服装底边增加缝份。
- 将服装底边的浮余量向反面折叠。
- 采用明线缝法将底边向下进行缝合。缝合的宽度、针距的长度及缝线的位置取决于设计师的设计。这种缝法可以使用任何类型的线（颜色或粗细）或使用具有装饰效果的针法。

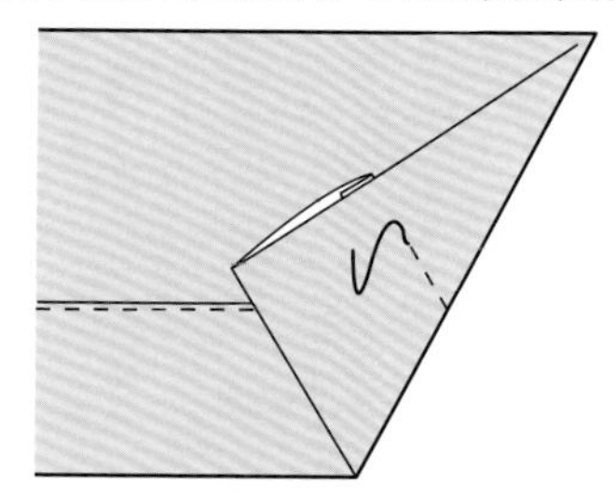

图4.3 缉明线底边

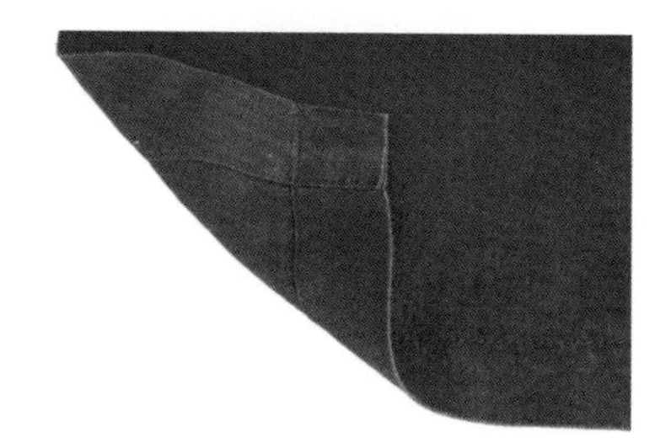

图4.4 有约1cm翻折边的缉明线底边

## 非织造面料平接缝

各种各样的平接缝方法都能够应用于非织造毛呢面料的缝合上。

- 留出约1.5cm的缝份。
- 将面料反面相对放在一起，并进行直线缝合。
- 将接缝用熨斗压向一侧烫平。
- 从内层修剪2~3mm。
- 沿着面料的边缘采用明线缝法缝合表层。
- 为了使接缝更加牢固，在进行平接缝前可以使用黏合织物进行加固。

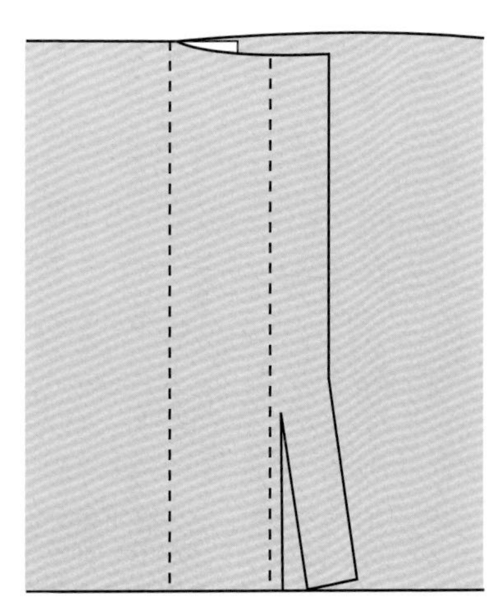

图4.5 平接缝

图4.6 吉尔·桑达(Jil Sander)，2016秋冬服装系列

# 蕾丝

蕾丝是一种具有网眼组织的装饰性镂空织物。它是通过手工或机器采用针织、编织、成圈、打结等技术织制而成。蕾丝可用于装饰内衣、领子和袖口或作为贴花来使用，常常用于新娘礼服或晚装上。在众多不同的服装材料中，包括亚麻、羊毛、棉、涤纶或锦纶等，蕾丝可以算得上是其中最漂亮的了，而且它在横向宽度上比纵向长度上的拉伸延展性更好。但是，蕾丝很脆弱，处理时需要格外小心，所以它的价格也比较昂贵。在裁剪蕾丝面料进行服装制作时，往往需要使用比较多的面料，因为多数蕾丝面料都有水平或垂直的花纹图案，裁剪时需要对花。蕾丝面料既可以用于服装的制作，也可以用于服装的装饰。

图4.7 赛琳（Celine），2016春夏服装系列

## 嵌花缝

蕾丝制成的服装需要采用嵌花缝工艺，以确保无论是服装的侧面还是后中部位的接缝不被看到。

- 像对普通面料一样裁剪纸样。
- 将纸样正面朝上，平铺在蕾丝上。将每块裁片铺开，之间留有空隙，从前侧缝到后侧缝与纸样设计完全对齐。
- 摆放对应中心纸样的裁片时，要格外注意前中线和后中线的位置。
- 首先在蕾丝面料上用线迹标记出纸样上原有的侧缝。
- 然后用同样的线迹在前片上标记出纸样的重叠部分。
- 完全根据纸样裁剪前片，注意重叠部分，裁剪时可以适当添加一点缝份(这部分可以在之后不需要时裁掉)。
- 然后裁剪后片(这是相应的底层)，并留出约1cm的缝份。
- 将裁片的重叠部分放在上面(正面向上)，并将标记好的前片和后片的侧缝用针缝合在一起。
- 先将新的侧缝进行粗缝，然后检查是否合适，并做一些微调，之后就可以把蕾丝裁片缝合在一起了。
- 使用手工或者缝纫机采用较小的锯齿形线迹在蕾丝面料上进行嵌花缝。
- 修剪每层多余的线头，然后低温熨烫所有的接缝。

### 嵌花蕾丝饰边和嵌花蕾丝裁片

将蕾丝裁片最终制成服装或者用它对服装进行装饰时，例如镶有蕾丝饰边的衣领或者蕾丝裙边，缝制时必须非常用心，这样才能让蕾丝看起来与服装本身是一个整体。采用蕾丝面料千万不能让人看起来像是一种事后的补救措施，而应该让它看起来就是面料本身的一部分。

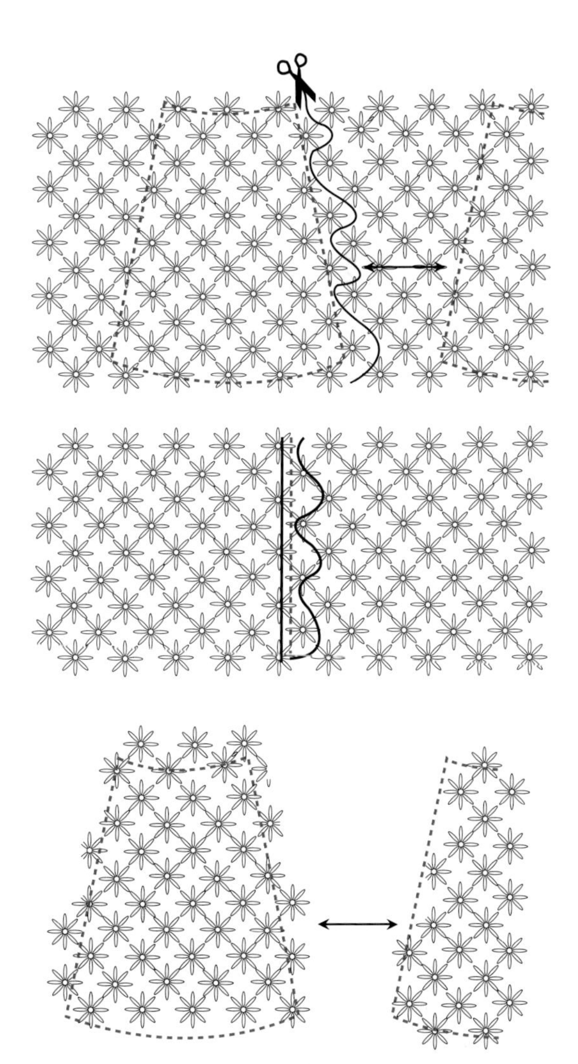

图4.8　蕾丝面料的裁剪和嵌花缝的工艺图解

# 皮革

皮革是人们用来遮挡身体的最古老的材料之一。它不是织物，而是哺乳动物或爬行动物的毛皮，因此它的出售是按照毛皮的块数而不是米数来决定的。在制成皮革之前，要先去除毛皮上的毛发，使毛皮表面的斑痕、纹理都显露出来，这个过程叫作鞣制(毛皮的鞣制需要使用多种材料，包括:鞣酸、铬鞣、明矾以及油等)。

在毛皮进行鞣制后，还需经过一个精加工的过程来给毛皮上色，例如，可以将毛皮处理成亮光或亚光的。只有当毛皮的外层被鞣制并进行了精加工处理后，它才能被称为皮革，如果毛皮的内层也被加工过，那么它就叫绒面革。

## *缝制皮革*

皮革磨损较小，因此它的边缘不需要特别处理。缝制皮革时，需要使用特殊的皮革针，但千万不要用针扎皮革，因为这样会在皮革上留下印记。而且，皮革服装也不能将其内侧翻出，这样会露出缝纫的针脚。皮革对来自熨斗的热度很敏感，可能会被玷污或形成永久的皱褶。另外，缝制绒面革时，还要特别小心上面的绒毛。

与用其他织物面料制成的服装相比，皮革或绒面革制成的服装需要采用不同的缝制方法。为了避免失误，最好先用碎皮革做试验，尝试一下车缝的方法和其他可能出现问题的地方。

- 采用涤纶线(如果皮革很厚重，可以使用明缝线，它比普通的缝纫线更粗)进行皮革缝制。不要使用棉线或棉包涤纶线（棉涤包芯线），因为皮革或绒面革在处理时会使这种线慢慢腐蚀掉。
- 先尝试使用通用的机针。如果出现跳针，再采用楔形皮革针进行缝制。
- 缝制皮革服装时，缝纫机要使用特氟龙压脚、滚轮压脚或皮革压脚。压脚可能会在皮革上留下痕迹，所以应先用一小块皮革试验一下。
- 对于一些较厚重的皮革，可以采用“双送压脚”的机器。即缝纫机的压脚和机台一起工作，以使皮革在缝纫机中“穿行”。

图4.9 缝制皮革的手针和楔形皮革机针

图4.10 皮革样品上的绲边缝

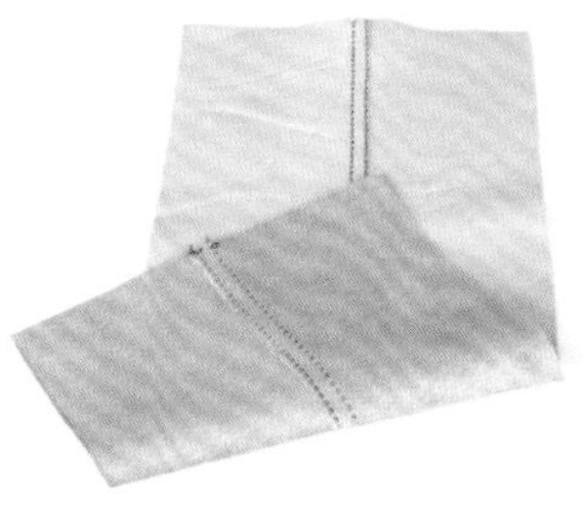

图4.11 用明缝线缝制的皮革接缝

## 皮革的缝合

在选择皮革的缝合方法时，一定要考虑皮革服装的厚度和款式。平缝针法适用于所有厚度的皮革缝制，从比较轻薄的到中等厚度甚至非常厚重的皮革。对于较厚重的皮革，应该使用搭接缝，这样缝制的接缝比较平整。其他可以使用的缝合方法有平缝皮革、嵌条缝、绲边缝或为了起到更加稳定和加固作用的贴带缝等。

- 皮革服装不能用熨斗熨烫接缝处，而应该用布包裹的锤子敲打或下压。
- 采用胶水(皮革胶水用起来更灵活)或明线缝的方法可使接缝保持平整。应该剪切掉接缝边缘多余的部分，以避免接缝厚且不平整。
- 省道要缝至省尖处，然后剪开缝份，用胶水粘贴或使用明线缝处理。

图4.12 用牵条加固的皮革接缝

图4.13 用胶水和刷子将皮革接缝和贴边进行固定

## 皮边的处理

皮革服装的底边会形成弯弧状，要想使底边保持平整，需要剪切三角形的刀口。

- 可以使用胶水粘贴或采用明线缝处理。先把底边折出折痕，然后在靠近折痕的位置使用胶水粘贴或明线缝。这对处理衬里特别重要，只有这样底边的皮革才能比较自然贴合，才能用缝纫机将衬里连接到皮革服装上。
- 对于较厚的皮革，可以采用毛边贴边。如果皮革内层质地很好，也可以把内层底边外翻（内层外翻的皮边处理办法）。

## 皮革服装上使用的扣合件

适用于皮革服装的扣合件，包括所有种类的拉链、绲条、用斜裁料缝制的纽孔或圆环纽扣。钩环扣件和系带也是不错的搭配。在缝制纽扣和钩环时，要使用皮革针和蜡线，并面对面钉一个小纽扣作为固定纽。

图4.14 D&G（Dolce & Gabbana，杜嘉班纳）联合出品的2008春夏款皮夹克

# 皮草

真正的皮草，与皮革一样都来自于动物，不同的是皮草上仍然附着动物的毛。所有真正的皮草都附有浓密的短毛，叫作“短绒”，而更长更软的毛叫作“针毛”。真正的皮草非常昂贵，而且因为它特殊的获取方式，在许多国家皮草制品是不受欢迎的。然而，人造的皮草制品正变得越来越精美，而且这种人造皮草更容易裁剪，因为它是人造仿制的，所以可以按米数而不像真正的皮草得按块数计算。人造皮草也比较容易进行缝制加工，因为仿制的效果很好，常常被人误认为是真正的皮草。

真正的皮草可以通过加工处理使其变软，还可以通过漂白、染色或用模版印染等办法改变它的颜色，也可以通过剪裁或卷曲的办法改变其纹理和外观，以获得不同的服装穿着效果。

## *皮草的缝制*

有多种方法可以使皮草的加工变得更容易。

- 缝制真皮草应使用涤纶线，而其他仿皮草面料可以使用任何种类的线，只要足够牢固就行。
- 缝制真皮草时，可以先尝试使用通用机针。如果跳针，再使用楔形的皮革针。对于机织的仿皮草面料，通用的机针一般都比较好用。
- 对于真正的皮草来说，要使用有特氟龙压脚、滚轮压脚或皮革压脚的缝纫机；缝制仿皮草面料时，使用标准的缝纫机压脚即可。

### *处理皮草的小贴示*

- 皮草都有绒毛，有时倒过来裁剪，光泽看起来会更好。
- 裁剪真皮草或者人造皮草时，要做到只剪皮不剪毛。把纸样标记在皮面上，须使用剃须刀片、垫刀或剪刀小心翼翼地裁剪皮面。

图4.15　芬迪（Fendi），2015秋冬高级定制女装

## *皮草的平缝*

为了避免皮草上的毛在车缝时夹在接缝里，应该把毛推向衣服的一边，然后进行车缝，最后再把毛捋顺。如果接缝中夹住了皮草的毛，应该使用大头针小心地将毛团挑出来。同时还要修剪接缝里多余的毛，以避免绒毛堆积成团。

- 人造皮草面料可以用低温熨斗小心地熨烫面料的反面。如果是真皮草服装上的接缝不平整，则须用手工缝制的方法将缝线压平。
- 皮草服装底边最好的处理方法是使用胶水进行粘贴或采用皮革贴边。
- 为了扣合皮草服装，可以采用贴边的或者内缝的纽孔、皮扣襻、钩眼扣或者简单地使用皮绳在前面系结。由于有皮草的长毛会夹在拉链牙里，所以拉链一般只用于短毛皮草服装上。

# 针织与弹力机织面料

针织面料是将一根或多根纱线连接成相互串套的线圈而形成的一种面料，其水平排列的编织行叫作“横向条纹”，垂直排列的编织行叫作“纵向条纹”。因为针织面料和弹力机织面料有弹性，所以穿着比较舒适。但在处理这些面料时，必须十分小心，因为熨烫、加热都会导致这些面料产生变形。

## *针织与弹力机织面料的种类*

针织面料有两种类型：一种是纬编针织物，它是由一根或几根纱线用圆机一圈圈织制成的，可以用来织制平纹织物、罗纹织物、针织运动衫、双罗纹和双面针织织物。第二种是经编针织物，它是由一组或几组纱线在经编针织机上同时编织成圈、相互串套而成的有平直边缘的织物（要注意，平纹织物不太稳定，容易脱针，而且在裁剪边缘时容易打卷）。最有名的经编是经编针织面料，经常用于女式紧身内衣。另一种是有蕾丝网眼外观的拉舍尔经编织物。纬编和经编针织物使用的四种基本针法：平针、罗纹、反针和编链针法。

图4.16　T恤侧缝的五线锁边

弹力机织面料在任意方向上都应具有至少20％的弹性，无论是纵向还是横向。这种面料可以由纱线交织而成，在外力的作用下既可以弯曲也可以折叠变形（当外力消失后织物可恢复到原来状态——译者注）。还可以进行特殊加工，也可与弹性纱线编织在一起（弹性纱线是一种具有延展性并能够完全恢复的合成材料）。一些大家熟知的弹力机织面料有氨纶或莱卡。它们可以与棉、羊毛或任何合成纤维混合织造。任何传统面料，如灯芯绒、牛仔布、绸缎或蕾丝都可以与弹力纱线混纺织制，因此，也能具有针织物的特性，有较强的舒适性、抗皱性和适用性。

图4.17　底边的双针和三针绷缝针法

图4.18　T恤领口包边绷缝针法

## 针织和弹力机织面料的缝纫工艺

由于针织和弹力机织面料比较柔软的特性，需要采取一些特殊的缝制方法。

- 使用涤纶线、棉涤包芯线、仿毛锦纶线或弹性线进行缝制。
- 先试着使用普通机针缝合弹力机织面料，如果跳针，则可改用圆头针或者弹力针进行缝制。有时候也可能要使用双针。
- 这种面料的缝接可以采用专用缝纫机进行，例如，绷缝机或五线锁边机，这样处理的接缝可以保证面料的弹性不受影响。
- 这种面料底边的加工，就像接缝一样，取决于服装的款式。你可以选用各种手工的或机器加工的方法。例如，如果是进行手工的底边缝制，可以采用十字针法，这种针法可以保证服装底边的弹性不受影响；如果是进行机器缝制，则可使用有双针效果或锯齿形针迹的绷缝针法。这需要用包边或缎带把底边包好，或者使用弹力套、弹性蕾丝或任何弹性织带进行包裹。如果面料的底边不会脱散，那么把毛边修剪整齐也是很有趣的底边处理方法。
- 裁剪针织和弹力机织面料时，一定要把面料放在桌子上保持松弛的状态。在裁剪过程中千万不要抻拉面料，还要记住要使用细针和非常锋利的剪刀。
- 熨烫针织和弹力机织面料时，要牢记熨烫的温度不能太高。熨烫时，让蒸汽喷到接缝处，然后用手指按压接缝即可。
- 针织和弹力机织面料的扣合件缝制起来比较复杂。一定要使用衬里或布带来控制扣件的位置。例如，在纽扣位置的里面或者外面缝制一个有装饰性但没有弹性的布带。这样做，既可以使服装保持闭合状态，又防止服装因为拉伸而变形。拉链、魔术贴或磁力扣也可用于针织和弹力机织面料的扣合件。

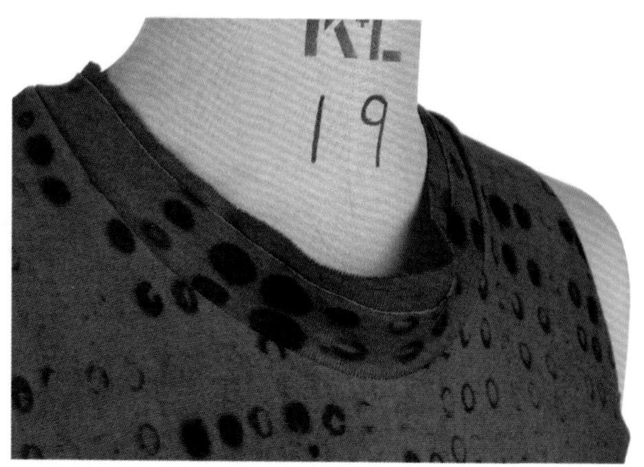


图4.19 科特妮·麦克威廉姆斯（Courtney McWilliams）设计的毛边领口T恤

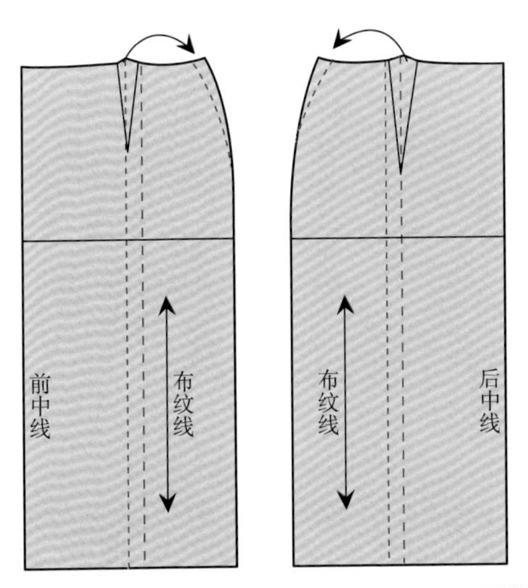


图4.20　考虑到裙子的弹性，可以将弹力机织面料的裙片原型修改为运动短裙的裙片

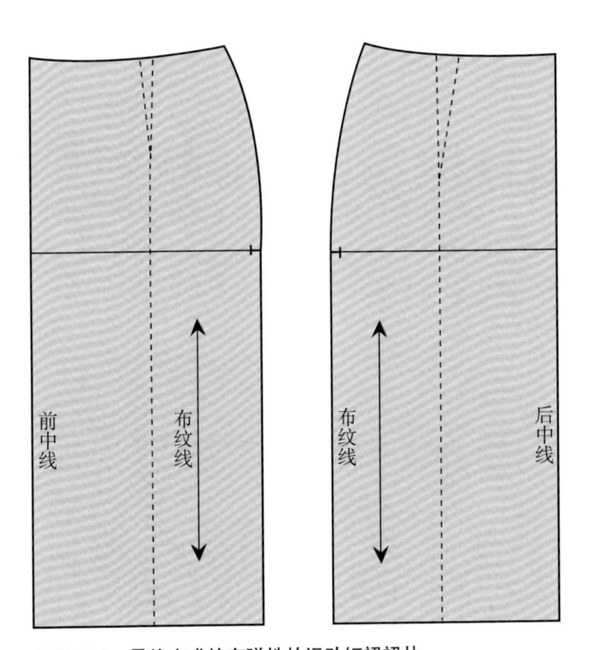


图4.21　最终完成的有弹性的运动短裙裙片

# 亮片和串珠面料

亮片和串珠面料很漂亮，也很迷人，过去主要用于晚装和特殊场合的服装上。现在，采用这种面料制作日常服装也很常见。亮片、珠子和其他闪闪发光的石头都可以被缝制或粘贴在用雪纺、绸缎、塔夫绸或针织面料作底布的服装上。

## *亮片和串珠面料的缝制*

这类面料不容易处理，缝制时需要花费很多时间，也需要精心打理。

- 珠子和亮片是用重复的链式缝法缝制到面料上的，这意味着，如果从一侧拉出缝制的线头，面料就会被严重破坏。
- 手工缝制和机器缝制最好都使用涤纶线或棉涤包芯线。
- 使用一般的机针和手工缝纫用的串珠针进行缝制。使用缝纫机时，将针距缩小至约2.5mm。
- 如果需要，还可以留出空隙以展示出更多的装饰条。

### *亮片和串珠面料缝制的小贴示*

- 带有亮片的面料直接接触裸露的皮肤会不太舒服，所以这种面料制成的服装一般应有衬里。
- 一些亮片和串珠面料上还有图案，因此缝制时需要对花。若面料上还有绒毛或纹理方向，则应该进行单层裁剪。裁剪这种面料会使剪刀的刀刃变钝，因此一般以使用旧而锋利的剪刀为好。
- 这种面料应尽量避免采用省道加工，而是通过斜裁和展开的方式呈喇叭形向外散开，不能使面料聚积在一起形成褶皱。设计简单的衣袖，如和服袖或插肩袖要比圆袖能更好地展示出这种面料的优点。还应注意尽量不要破坏面料原有的设计。
- 在购买亮片面料前，应该检查一下面料的宽度，因为大部分这种面料的宽度都不大（114cm）。

## 亮片和串珠面料服装的缝制

往往用这种面料制作的服装会采用比较简单的款式和较少的接缝来表现出其最大的特点。

- 对这种面料进行车缝时，要使用平缝针法、双线缝针法(两排离得很近的直线迹)、发际线缝法(两排离得很近的锯齿形线迹)，或者可以使用牵条来加固。
- 裁剪服装裁片时，应该将接缝处的亮片取掉。只将面料底布缝合在一起，千万不要缝穿亮片。
- 一旦接缝缝合，应在接缝处用手工添加缺失的亮片（这样做会使接缝隐形），同时也要保护好接缝周围比较松散的亮片。同样的工序也可应用于串珠面料上。
- 面料的表面和底边可以通过使用牵条、条带、绲条、罗纹镶边或任何面料、衬里来处理。
- 另一种底边的处理方法是运用超级锁边对底边进行处理。超级锁边是一种非常精细和紧密的锁边缝。
- 根据服装的款式，可以选用轻型拉链、钩眼扣以及扣襻和纽扣等扣合件。

图4.22　阿西施（Ashish），2013秋冬服装系列

# 天鹅绒

拉绒面料或绒毛面料均要经过一种叫作“起绒”的过程，由此纤维的端部被提升到面料表层，然后通过剪切、刷毛等工艺处理使绒毛耸立。这种工艺可以用来处理机织或针织面料的单面起绒或双面起绒。

绒毛面料是以绒经或绒纬在织物表面构成绒圈或毛绒而织成的。天鹅绒是绒毛面料中比较受欢迎的一款。最初的天鹅绒是由丝线织制而成。如今，天鹅绒可以由棉纱、人造丝或涤纶纤维等织成，重量也从轻到重不等。天鹅绒有一组另外的经纱，并被机织成双层织物。当织物织成后，将这些连接在一起的层切割开，这样就会呈现出更密集的绒毛质感，面料也更加高贵。

## *天鹅绒的缝制*

裁剪天鹅绒需要十分小心，因为它的毛边会磨损得很厉害。熨烫天鹅绒时，压倒绒毛会损坏面料，所以要尽量熨烫服装的反面或使用绒布烫板以避免熨斗压力过大。缝制天鹅绒时，还要注意以下几个技巧:

- 使用普通机针，减轻针脚的压力，尽量使用滚轮压脚或送布机构或拉链压脚。
- 车缝时，一定要用手工缝合接缝，因为在缝制过程中，天鹅绒会严重变形，有时还会起皱，因此可以采用平缝或牵条以增强其稳定性。
- 底边可以采用手工暗缲缝针法缝制，也可以通过机器使用轻薄的面料进行光面处理。
- 清理磨损的底边时，要进行黏合或缝份包边的处理。

◎图4.23　埃米利奥·德拉莫雷纳（Emilio de la Morena），2014秋冬服装系列

# 透明面料

透明面料有的比较薄挺，有的比较柔软，而且重量不等，有轻有重。其中，最有名的有由丝、棉或合成纤维织制而成的欧根纱、蝉翼纱、薄罗纱和麻纱等，它们薄而挺括、有的半透明有的全透明。这些硬纱面料非常漂亮，而且比那种透明且柔软的面料更容易剪裁和缝制。最常见的柔软半透明和透明面料有雪纺、乔其纱和雪纺绉。这些面料因太轻且光滑，裁剪和缝制都比较困难。还有一类面料处于薄而挺的透明面料和柔软的透明面料之间，如巴里纱、细亚麻布、细平布或纱罗等。虽然这些面料比较难处理，但很值得花些心思去缝制，因为用它们制成的服装既漂亮又舒适。

图4.24　法式缝和锁边处理的友希（Yuki）雪纺连衣裙

## 透明面料的缝制

应特别注意的是，透明面料越柔软，处理它所需要的时间和空间就越多越大。

- 采用纤细的(公制号数60~70)通用机针，将针距缩小至1.25~2mm，这是一种非常小的针迹。
- 选择与面料相配的缝纫线，采用细至超细的涤纶线或丝光棉线。
- 使用干熨斗（不带蒸汽的熨斗）将面料的皱褶烫平。
- 将透明面料小心地固定在一块与面料大小相同的薄纸上。这张纸可以阻止面料四处挪动，因为透明面料都是出了名的滑。
- 将面料固定在纸上后，再在上面铺上服装的纸样。然后，将三层固定在一起，用锋利的剪刀进行裁剪。
- 使用细针和超细的线将纸样上的提示信息做好标记。不要采用划粉作标记，因为划粉标记会永久地留在透明面料的正面。
- 仔细清理服装的内侧，因为透明面料会使服装上各种各样的折边、接缝和贴边等一览无余地展露出来。有几种方法可用于透明面料的缝合，如法式缝或包边缝等。如果使用超级锁边针法处理雪纺服装的底边，那么最好的方法是先用大头针辅助进行折边。缲缝也是一种很好的用于透明面料卷边或底边处理的手工缝制方法。
- 当熨烫透明面料时，一定要考虑面料的材质，而且应该先找一块零碎的面料试一试。有时，采用干熨斗会使面料产生静电。如果发生这种情况，则要采用防静电熨斗。

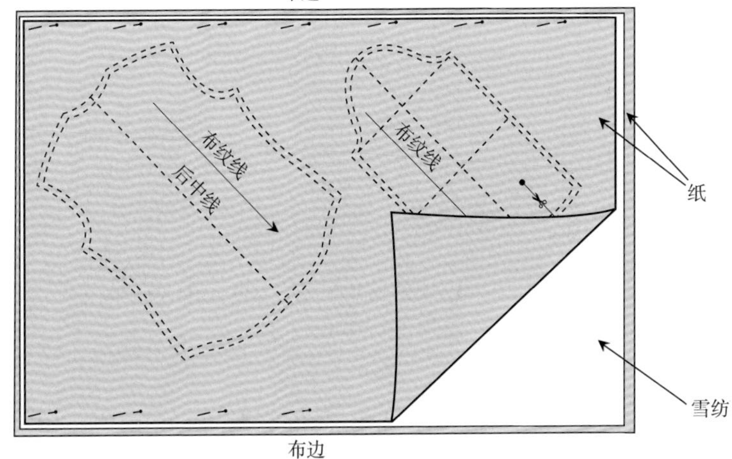


图4.25　裁剪精细面料的排料图例

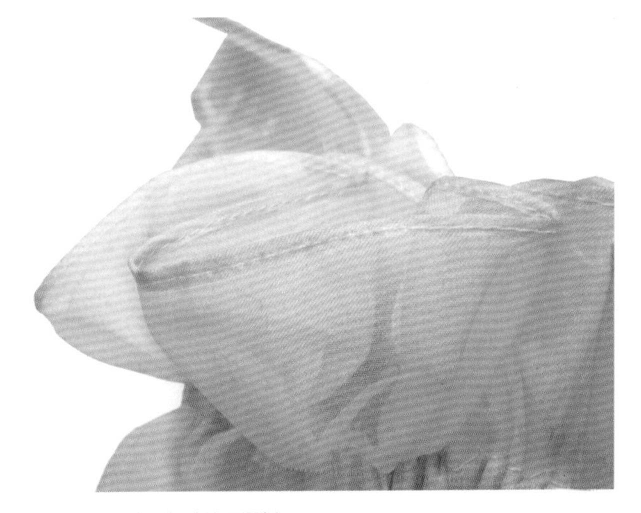

图4.26　袖口包边处理图例

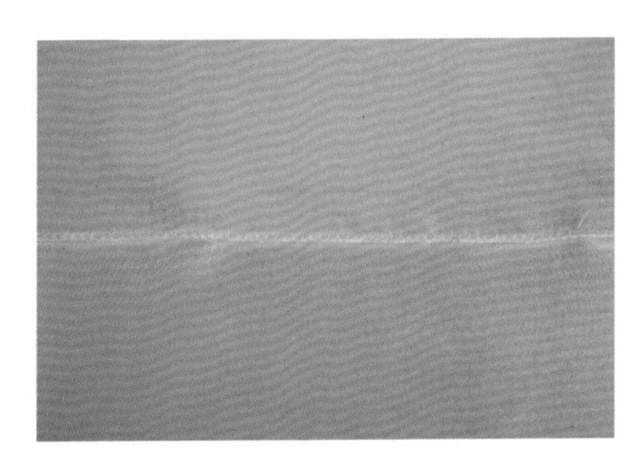

图4.27　超级锁边处理图例

图4.28　友希连衣裙上的法式缝特写

## 从业者访谈

### 托马斯·泰特（Thomas Tait），女装设计师，创意总监

托马斯是一名女装设计师和创意总监。在路易丝·威尔逊（Louise Wilson）的指导下，他成为了著名的中央圣马丁学院（Central Saint Martins）时装硕士学位最年轻的获得者，并且他也是他同名女装品牌的设计总监。多年来，他获得了英国时装理事会的NEWGEN奖和伦敦时尚企业中心的赞助，并于2014年赢得了首届路易威登青年设计师奖。

#### 你是在哪里深造的？

2008年12月我在加拿大蒙特利尔大学的拉萨尔学院学习。

2010年我在英国伦敦中央圣马丁艺术与设计学院获得了时装设计硕士学位。

#### 是什么主导着你的审美？

是我的个人生活和对服装制作与奢侈品的热爱。这种热爱往往是一种直觉，它与我希望设计的服装呈现的感觉以及它们如何影响穿着者的心理有关。

#### 服装制作对你的设计有多重要？

非常重要。产品开发大约占我整个设计过程全部时间的80%。

#### 作为一名女装设计师，你作品中的女性气质有多重要？

这是非常重要的。作为一个男人，我明白我对女性气质的理解和对女人的理解是独一无二的。我和我为其设计服装的女性之间是存在差距的，但这种差距可以通过我自己独有的自由创造加以弥补，这反映出了我对女性的钦佩、迷恋和偶尔的嫉妒。

#### 你如何进行试验性的服装纸样裁剪？

我在加拿大的大学里接受了这方面的正规培训。我最擅长的是三维立体裁剪。那之后就是几年的研究生教育阶段，那是一个自由发展的阶段，而且我还建立了一个我自己的裁剪师团队和工作室。

我更加倾向于减少服装的接缝，甚至想要完全消除掉服装上的连接点，当然，服装总是要用来遮挡身体的。我的这种风格常常被误认为是一种折纸风格的作品，事实上，我倾向于用面料或材料来塑造服装，而不是将它们折叠起来。

#### 你如何进行服装面料处理和表面装饰？

这完全取决于产品和面料。我通常用印刷工艺来处理原材料的表面质感。最近，我沉迷于“Boro”，这是一种日本传统工艺的回收或废物利用材料。这使我能够运用各种各样的洗涤、绗缝和印刷方法制造出一种既古老又精致且还有未来感的东西。

#### 你对其他服装设计师有什么建议？

找出最能体现你个人激情的东西，永远不要失去一名设计师的独特眼光。相信自己的直觉，不要羞于寻求帮助。

## 练习

### 特殊面料的缝制

1.研究下列特殊面料。编写不同接缝和处理方法的缝纫笔记：

- 毛呢面料
- 蕾丝和贴花
- 皮革
- 皮草
- 针织平纹面料
- 亮片面料
- 天鹅绒
- 透明面料（雪纺、欧根纱等）

尝试使用不同的方法来处理这些面料，并实践一下如何对这些材料进行缝合。试着用比较平整的车缝来完成这些面料接缝处的表面处理。

2.尝试将不同的面料缝制在一起。例如，将亮片面料与皮草缝制在一起。注意以下内容：

这些面料是如何相互影响的?

- 你需要采用哪些不同类型的车缝方法?
- 什么样的机器最适合这项工作?
- 你有合适的机器压脚来处理这些面料吗?
- 这些面料能否使用蒸汽或压烫吗?

### 面料处理

面料的处理是改变面料手感的一种重要方法。只用一根针和一条线就可以尝试许多工艺技术。多年来，许多新的面料处理技术都是随着旧技术的不断传承而产生的，这些技术具有地域差异且代代相传。

这些工艺技术包括：

打裥、缝褶、抽碎褶、刺绣装饰、抽褶和绗缝。

通过运用这些技术，你可以赋予普通面料令人印象深刻的形状和纹理。

在不同的面料上，尝试使用不同的处理工艺技巧。尝试以下技巧：

- 打裥（刀褶、箱形褶、皱褶、阳光褶、风琴褶）
- 抽碎褶（单褶、对褶）
- 缝褶（细褶、渐变顺褶、锥形褶）
- 刺绣装饰
- 抽褶（手工和借助绕线筒做有弹性抽褶）

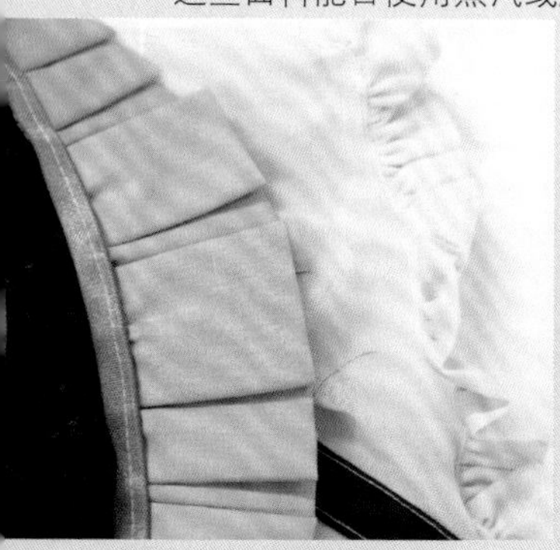

4.29 面料处理和一些特殊面料图例（1）

图4.30 面料处理和一些特殊面料图例（2）

图4.31 面料处理和一些特殊面料图例（3）

# Chapter 5

# 高级定制时装与西服

在整个服装产业中，最高端的是高级定制时装(以下简称为“高定时装”)和西服定制，是专门为私人客户量身定做的。这些服装的制作方法比较传统，不但裁剪复杂精良而且通常采用手工缝制。其面料的选择和后期的加工整理也会对服装的设计产生很大的影响。因此，这类服装的设计总能在模特身上展现出最美的姿态。

高定时装和定制西服的制作需要投入大量的时间和精力，这样才能创造出一件完美无瑕的服装。通常它会采用最好、最奢侈的面料，运用最精湛的工艺进行缝制。而裁缝师们也总是为自己的工作和所服务的品牌感到无上荣耀。例如，萨维尔街（Savile Row）的裁缝师或是在高定时装店里工作的裁缝师，他们都具有一种历史与传统带来的独特魅力。

◀图5.1　维果罗夫（Viktor & Rolf）高级定制时装，2015秋冬服装系列

# 高级定制时装

“高定时装”（Haute couture）一词是直接从法语引进到英语的，按照它的字面意思进行翻译，就是“高水平的缝纫”。它是指服装设计师只使用最好、最奢侈的面料进行这类服装的制作，而且这些服装一般都是专门定制的。一件高定时装总是要求服装与许多配件完美搭配，还要专门为私人客户提供完美的设计比例。设计师要对服装的细部不断地进行调整，以最终达到完全适合顾客体型的要求。这样的调整包括衣领的细微变化、口袋比例的调整（如一个比另一个稍大些）、肩线的调整（如一侧可能比另一侧稍窄一点）或者一个肩膀上的垫肩会比另一个高一点。对于一个整体的设计方案，要处理的不只是腰部和底边，所有的水平接缝都要经过一一调整。这种对细部的高度完美的要求正是高定时装的本质所在。在制作坯布样衣时，高定时装上的每个细部设计都要规划好，任何图案、条纹或方格都要准确对花、对条、对格，并且还要保证它们的位置能够最完美的体现客户的身材。例如，服装开口处的花纹图案必须非常完美准确地对花，有时如果不仔细看两遍，几乎发现不了上面使用的扣合件。尤其在西服和两件套服装的设计制作中，更是讲究面料上的图案必须从颈部一直到底边，不能有中断。

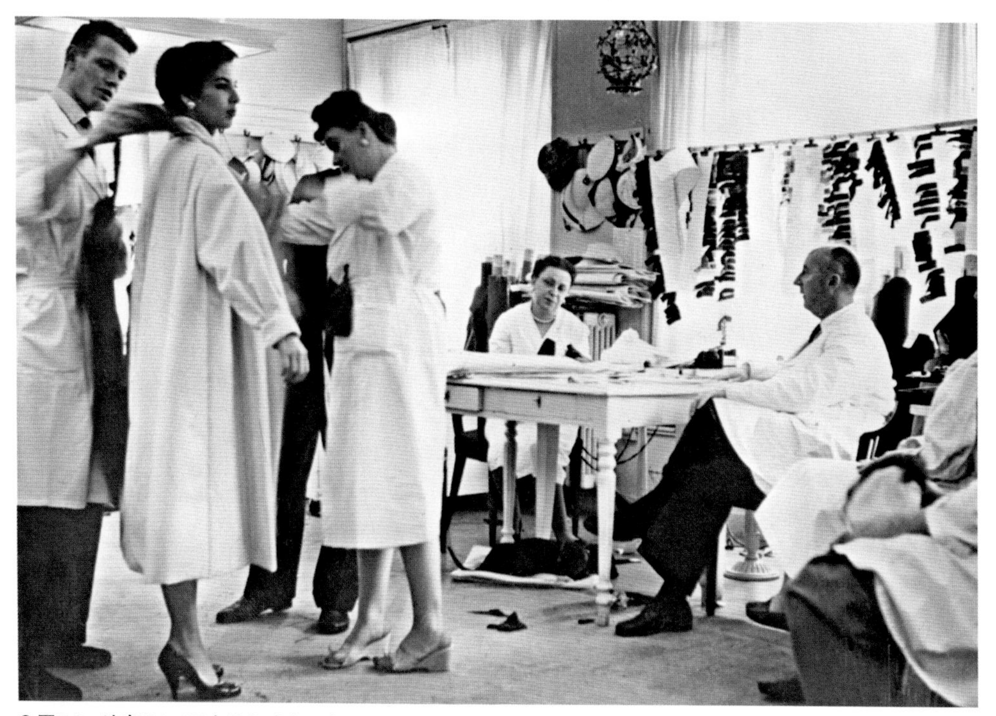

图5.2 迪奥(Dior)正在进行试衣工序，1956年

## 高定时装的发展历史

高定时装起源于18世纪，许多人把它的诞生归功于时装设计师罗斯·伯丁（Rose Bertin）和查尔斯·弗雷德里克·沃斯(Charles Frederick Worth)。罗斯是玛丽亚·安东尼特（Marie Antoinette）的女帽设计师。在他们二人之前，服装一般都是由裁缝师根据顾客的具体陈述来定做的。直到19世纪中叶，来自英国的查尔斯·弗雷德里克·沃斯才首次向顾客介绍了根据他的设计想法制成的服装。当时，他利用真人模特展示了他设计的时装——在当时，这是非常具有创新性的做法。无疑，他取得了巨大的成功，并开创了时尚的新潮流。而在那之前，定制服装的做法通常是先由顾客从服装图样（现今称为时装画册）中挑选服装样式，并指定颜色和面料，然后裁缝师再在自己的工作室里进行服装的测量和制作。时至今日，这种做法仍然常见。

在法国，“高定时装”是一个受到保护的专有名词，只有达到巴黎商业和工业协会规定标准的服装公司才有权使用这个名词。这套“标准”建立于1945年，它规定了哪些服装设计公司能够成为高定时装品牌，在那之后它的标准也时时更新。要想成为高定时装联合会的一员，并能够在其品牌、广告或其他方面使用“高定时装”这一名词，服装设计公司必须满足三大要求：一是在巴黎提供至少有15名全职员工的工作室；二是向巴黎媒体展示至少35套高级定制时装，包括日常服装和晚装；三是为私人客户提供设计定制服装的服务。

在整个欧洲，“高级定制”(couture)一词被广泛地用于描述定制的、高级的时装，这可能会导致一些顾客的混淆。当一件服装被生产了不止一次，而且有一个尺寸范围，那么它应该是“成衣”（pret-a-porter），这个词也源于法语，意思是“现成能穿的”。现在，这些高定时装公司为了应对巨额的经营成本，也开始生产一些成衣系列。那一场场的时装秀表演就是为了提升这些公司的知名度而举办的。

1946年的时候，巴黎共有106家高定时装公司。到20世纪时，这个数字急剧下降到18家，而今天仅仅只有15家，包括：艾德琳·安德烈（Adeline Andre）、亚历山大·福提(Alexandre Vauthier)、艾历克西斯·马毕（Alexis Mabille)、夏奈儿（Chanel）、迪奥（Dior）、法兰克·索贝尔（Franck Sorbier）、纪梵希（Givenchy）、让·保罗·高缇耶（Jean Paul Gaultier）、夏帕瑞丽（Schiaparelli）和维果罗夫（Viktor & Rolf）。还有5家代理商行或外国成员机构，包括：阿玛尼（Armani）、艾莉·萨博（Elie Saab）、范思哲（Versace）、华伦天奴(Valentino)和詹巴迪斯塔·瓦利(Giambattista Valli)。

# 高级定制时装设计

高级定制时装的制作可能看起来毫不费力，但事实上，这往往要花上好几个小时才能让它的效果看起来似乎是“毫不费力”的。这就要求设计师要对人体有非常全面的了解，同时要非常清楚各种纤维和服装面料的特点，只有这样才能从服装的面料或廓型着手开始他的工作。

当各种面料到位后，设计师要把每一种面料都展开，再把它们一一披覆在人体模型或者模特身上，然后仔细观察这些面料的纵向、横向和斜向的纹路，看看这些纹路形成的悬垂效果如何。这些信息将能帮助设计师绘制服装草图，开始他的设计工作。之后，根据设计的服装类型，这些草图会被分发到定制服装工作室或成衣服装工作室。再后，各个工作室会选择重量适当的平纹棉布/印花棉布进行坯布样衣的制作，并将制成的样衣穿在服装模型上以便复制出设计草图。这个立体剪裁的过程为后面真正服装的制作提供了基本的纸样依据。

样衣是用所有成衣所需的部件制作而成的，而且也是用制作最终成衣的细心态度来完成的。做好的样衣会被穿在模特身上，再进行进一步的精加工。有时，样衣也会直接被加工成成品服装，这也使设计师能够充分发挥出服装设计的潜力。

一旦调整好的服装样衣得到了设计师的肯定，它就会被仔细地拆解开，熨烫平整之后用来作为样板。在面料按照样板被裁剪和标记后，样衣还可以再次被缝合并穿回到模特身上。这个过程会一直重复，直到设计师对作品满意为止。最后，设计师会为设计好的服装选择各种配件，然后进行媒体发布，之后这款服装设计作品就会被刊载到各种时装书籍（或者时装画册）中。

***高定时装***

高定时装往往被认为是最纯粹的艺术形式，因为没有一件高定服装会被复制两次。创造这些服装的高超技艺是无与伦比的，有些作品要花上500个小时才能完成。为此，高定时装公司会雇佣最优秀、最熟练的裁缝师和技工，使他们的创作成为现实。现在，约有2000名裁缝师受雇于高定时装行业，为全球约2000名定期客户提供服务。它们的日常服装的价格从9000美元（7000英镑）起，晚装更可以达到数百万美元之多。

（资料来源http://raconteur.net/culture/paris-the- worlds-fashion-trendsetter）

图5.3　保罗・波烈时装，作者弗朗索瓦・博多（Francois Baudot），泰晤士-哈德逊出版社(Thames and Hudson)（1997）
"蜡染"拖地晚装斗篷（1911）和乔治・巴比尔（George Barbier）的"波烈之家"的插画 (1912)

### 保罗・波烈（Paul Poiret,1879—1947）

当年,保罗・波烈凭借他创造的新的服装廓型，改变了时尚潮流。与世纪之交时期人们所穿的其他礼服相比，他设计的服装剪裁干净而简单。他的服装创作受到东方文化和异域风情的启发。保罗・波烈也是第一个建立真正的时尚帝国的人。

图5.4　巴伦夏加巴黎（Balenciaga　Paris），泰晤士-哈德逊出版社（2006）。欧文・佩恩(Irving Penn)拍摄，*Paris Vogue*（1950）

### 巴伦夏加（Balenciaga,1895—1972）

巴伦夏加的作品具有严格的现代魅力。他是一位工艺精良、裁剪讲究的服装大师，他设计的服装可以把人体的轮廓完美地展现出来。他将服装的腰围提升至略高于人的自然腰围处，使穿着者显得更加挺拔。他创造出一些20世纪最有影响力的服装风格，被称为"设计师中的设计师"。

图5.5　查尔斯・詹姆斯时装，作者理查德・马丁(Richard Martin)，泰晤士-哈德逊出版社（1997）
"鼓起来"的连衣裙（1955），安东尼奥・洛佩斯(Antonio Lopez)画

### 查尔斯・詹姆斯 (Charles James,1906—1978)

查尔斯・詹姆斯创造了美国的高定时装。他用华丽的雕塑感服装创造了一种理想的女性美。詹姆斯是一个完美主义者，他将设计科学与时尚情怀相结合。他深受大自然魅力的影响，总是将自己的服装设计作品命名为有生命的东西，如"花瓣"，还有著名的"幸运草"晚礼服。

# 定制西服

“tailoring”一词不仅仅指具体的手工或者机器缝纫以及服装熨烫的技术，也用来指造型和廓型不完全受穿着者体型影响的定制服装。出色的裁缝师能够游刃有余地运用专业知识，使一件西服上衣总是保持适当的状态，这样就能够有效地改善穿着者自然体态形成的视觉效果。例如，他们会使用不同的材料来精准地支撑和衬垫服装的肩部与胸部，以达到完美的穿着效果。

## *定制西服的历史*

人们普遍认为，19世纪初流行的男装风格仍然与今天相似。当然，时至今日这些服装在长度和廓型上都做了重新的调整，有的变得更合体，有的变得更宽松，但是定制西服的组成部分（包括上衣、马甲和裤子），在拿破仑战争结束后就开始有了逐渐简化的趋势。

图5.6 E.tautz，2013秋冬服装系列

但是，有一点颇令人感到惊讶，就是这些早年间的服装色系一直保留至今，几乎没有什么变化。例如，将深色、中性色的羊毛面料与白色亚麻或棉布进行搭配，则反映出社会的一种新风尚。再如，越来越多的人意识到个人卫生的重要性，于是穿着亚麻面料的服装就有了一种非常明确的阐释：精神的圣洁之后就是身体的清洁。乔治·布莱恩·布鲁梅尔（George “Beau” Brummell,1778—1840）是这一新兴服装概念的早期实践者。他非常讲究整洁，甚至会为一次试装扔掉几条领带，而仅仅是因为这些领带没有被清洗、熨烫和整理的足够好。他唤醒了人们对整洁着装的兴趣，并且他自己就是衣着考究的典范。

自1785年第一家定制西服店开业以来，伦敦的萨维尔街就以定制西服闻名于世（这种西服也叫“指定”裁剪的西服，因为早期专门为某位顾客预留制作服装是需要顾客自己“口述”的）。

1969年，汤米·纳特（Tommy Nutter）和爱德华·塞克斯顿（Edward Sexton）在萨维尔街上开了一家名为“纳特”的服装商店，开创了服装橱窗陈列的新模式，为萨维尔街带来了一场革命性的变革。如今，奥兹瓦尔德·博阿滕（Ozwald Boateng）、理查德·詹姆斯和蒂莫西·埃佛勒斯(Timothy Everest)都成为新一代的最著名的定制西服裁缝师，他们专为那些需要应用精湛缝纫工艺制作出完美合身的高品质西服的客户服务。

定制西服的裁剪因其复杂、专业的技术工艺成为一项久负盛名的专业技能。许多时尚界的专业人士虽然都很崇拜定制西服裁缝师的工艺，但却不会尝试跨入定制西服的领域。这个行业是由英国工会和兄弟会组织起来的，从业人员也都对它精心呵护，通常裁缝师们会非常小心地传授和维护他们的精湛技艺。

但是，随着时间的推移，新型机器和新型的混合材料被不断地引入西服市场。然而，仍有许多人对新的潮流不感兴趣，他们还是更喜欢通过手工缝纫的方法使服装面料精准成型。他们认为，缝纫机只是被用来进行车缝和省道处理的。

如今，裁缝师也可以分为两大类:一类是传统的定制西服裁缝师，他们仍旧像一个世纪以前一样，主要凭借自己的精湛手艺制作西服；还有一类是进行产业化生产的成衣裁缝师，他们使用更快捷、成本更低廉的机器等替代物进行服装制作，将上衣和外套变成适合工业化生产的成衣。也就是说，这些服装的胸片、口袋、衣领和肩膀等部件，可以通过热熔黏合衬和预制的其他部件构成。而且，手工纳针缝（纳针缝是将线从一行交错到另一行，用对角线将两层面料缝合在一起的针法）也被可以复制车缝纸样的机器缝纫所取代；肩部绲条更是采用缝纫机车缝到袖山上，而不再是手工缝制了，因此可以根据客户的要求被准确地放置在合适的位置。这种工业化生产出来的定制西服可以达到非常高的标准，但它永远无法提供量身定制西服带给某个个体的适应性和专属的感觉。

图5.7　亨利·普尔（Henry Poole）公司，一位正在工作的裁缝师

# 定制西服的工艺

从正确选择服装面料和确定服装的廓型、设计，到准确测量人体的尺寸和采用合适的工艺，许多复杂的步骤都发挥着各自重要的作用，最终才能成就一件合身的定制西服。

本部分将向大家介绍定制西服上衣所使用到的一些材料和相关工艺。

图5.8　一件内层朝外的定制西服上衣，图片清晰地展示出它的内层结构

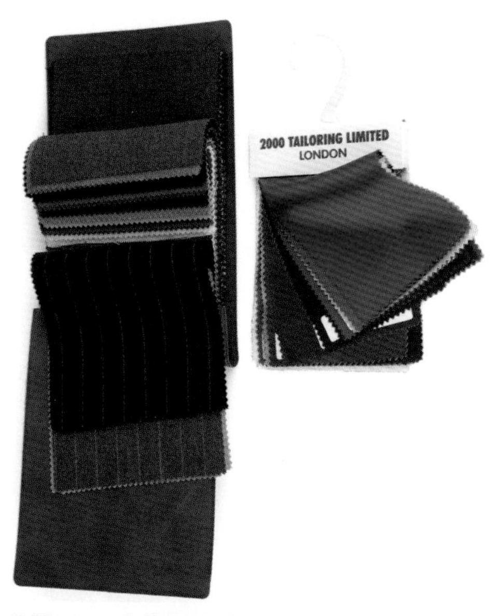


图5.9　一本羊毛面料布样册和2000伦敦裁缝有限公司（2000 Tailoring Ltd. London）出品的衬里布样册

## *定制西服上衣的内层结构*

上图展示的定制西服上衣的内层结构包括有不同种类的帆布和内衬，还有柔软的棉绒布、棉斜纹牵条、棉布带或羊毛衬、麦尔登呢的底领、口袋布及加强件、轻质衬里布等。

### *面料*

用于定制西服的羊毛面料可以分为两类：精纺羊毛面料和粗纺羊毛面料。精纺羊毛面料由长而纤细的羊毛织成，是一种密实的面料，表面平整，非常适合传统的量身定制的商务套装。粗纺羊毛面料由短而蓬乱的羊毛纤维织成。这些纤维相对松散地缠绕在一起，远没有精纺羊毛面料编织的密实，因此，粗纺羊毛面料是一种质地较柔软、舒适的面料，如哈里斯特威德花呢（Harris Tweed）。当然，定制西服也可以采用其他的一些面料，如丝绸和亚麻布等。

> ***特威德粗花呢（Tweed）***
>
> 特威德粗花呢是一种以特威德河(Tweed)命名的羊毛面料，特威德河流经苏格兰边境的纺织品地区。哈里斯特威德花呢是特威德粗花呢的改良品种，由哈里斯(外赫布里底群岛)纯羊毛经过染色和纺织制成，一般是由岛民在他们的家中编织而成。

## 手工缝纫

下面介绍的是一些常用于定制西服的手工缝纫方法：

疏缝针法是将两块或多块面料临时缝接在一起的针法，也常被用作标记具体位置的记号线。

纳缝针法是用来手工缝合衬里的方法，同时能起到给服装塑形的作用。

缲缝针法是将上衣衬里的边缘隐形缝制到服装底边上的方法，同时也可以用来将口袋缝制到服装上。

平缝针法可以将衬条（一种窄布带）固定在服装的某个部位。

十字针法可以把服装的边缘隐形地缝合在一起。

卷边缝针法能够把折边隐形地缝制到服装上。

裁缝采用粗缝在面料上做标记，例如，标记翻领的驳折线或口袋的位置。

## 修剪、打刀口和放码

定制西服的所有边缘都要求非常平整且线条分明，没有多余堆积的部分。接缝的边缘、领尖和口袋盖都应该稍微地偏向内侧，朝向身体。为了避免过多的接缝，可以采用下列方法：

图5.10　用疏缝针法缝制的西服上衣

- 修剪。修剪接缝附近的缝份，上衣的衣领、驳头和口袋反面的缝份也要进行修剪。
- 打刀口。在衣片外侧曲线处的缝份上打一个楔形刀口。弧度较大的曲线上的刀口之间应该比在弧度小的曲线上的刀口更为接近。刀口一定要打在靠近缝合线的地方。
- 放码。用交错的方式修剪缝份，使较宽的缝份在服装的右侧，这是为了给剩余的接缝留下余地，使其不会在右侧露出来。

## 熨烫技术

一块服装面料经过省道和车缝处理，就会形成一些形状。因此，最好使用布馒头或圆形熨烫板来保持服装的廓型。垂直省道应该倒向前中或后中进行熨烫。如果使用的是比较厚重的面料，应该先将省道剪开，然后用熨斗分缝烫平。为了使省道末端的省尖既漂亮又平整，最好用一根针从右侧插入省尖点，然后熨烫平整，之后再将针取出。

为了避免过度熨烫而导致服装表层出现接缝、边缘和省道的痕迹，应该采用纸条或同类面料铺在缝份和边缘下面，然后再进行熨烫。

定型，是指将服装面料进行一定的拉伸和收缩，以适应人的身材。最好的面料是羊毛面料，一旦这种面料经过了定型，就会永久保持定型后的形状，像一开始就是那样一样。一些裁缝师会重新修改西服的两个袖子，使其肘部的前屈度更大。而西服裤子通常在车缝前，还要再次进行适当的调整和处理。例如，后裤片下裆缝顶部位置可以通过拉伸处理，使其与前裤片更加贴合，这样裤子的臀部和裆部区域也会更加贴合。

## 敷牵条

西服上衣的某些部位需要用棉斜纹牵条粘贴，这样可以避免在缝制过程中产生拉伸变形，而且服装的边缘被固定后，也可以防止上衣在穿着时变形。

敷牵条的部位有：

- 领口
- 袖窿
- 驳头的翻折处
- 从驳头止口到底边边缘（一些裁缝师会沿着前片的底边边缘进行缝制）

贴边时，要准确测量纸样上的粘贴长度。一旦发现面料的边缘被拉长了，应该将面料小心地粘贴在牵条上。

**图5.11　上衣前片的内层，图片展示了已经敷好牵条的折线和驳头止口**

图5.12　进行敷牵条准备的上衣

## 衣领和驳头

西服的衣领和驳头形状既可以非常时尚，也可以保持传统。衣领和驳头相交的线被称为串口线。

西服上不同形状的驳头：

- 苜蓿叶形驳头
- 鱼嘴式驳头
- L型驳头
- 平驳领
- 戗驳领
- 青果领

## 口袋的造型

最流行的口袋造型有：

- 单嵌线袋
- 双嵌线袋/绲边袋

图5.13　沃尔特·范·贝伦东克（Walter van Bierendonck，“安特卫普六君子”之一），2016春夏服装系列

- 带盖双嵌线袋
- 贴袋
- 里袋

## 扣合件

西装上的纽扣位置至关重要，通常纽扣的位置应在自然腰线以下1/2英寸处。

大多数裁缝师都会采用手工缝制的镶边钥匙形扣眼。

单排扣的西服上衣通常设计一粒或三粒纽扣，双排扣上衣通常设计四粒或六粒纽扣，穿着时一般只扣第二或第三粒纽扣。

传统上，利用袖子上的扣合件可以使服装具有更好的通风性，纽扣和扣眼一般位于袖子的后侧。除了采用纽扣和扣眼以外，袖口处也可以使用拉链作为扣合件进行通风，当然也可以不使用任何扣合件。

## 从业者访谈

### 斯图亚特·麦克米兰（Stuart McMillan），女装设计总监

斯图亚特是迈克高仕（Michael Kors）旗下的设计总监，他负责管理的团队制作定制西服、外套、皮革服装、牛仔服装和皮草服装。他是一位经验丰富的服装设计专业的讲师，曾在英国伦敦皇家艺术学院任教。

**你是在哪里接受的专业培训?**

在威斯敏斯特大学和皇家艺术学院。

**在使用新的服装廓型时，你是怎样进行试验的?**

在进行服装设计时，我大都是直接在人体模型或模特身上进行试验的。为了找到新的设计想法、服装廓型和比例，我总是非常关注服装呈现出来的形状和轮廓，因为这些总能让我产生更加人性化的灵感。

当我进行立体裁剪时，我会使用目标服装面料，但也会尝试使用其他面料，这有助于我明确不同面料带来的一些服装廓型上的微妙差别和变化。

**在制作系列服装时，通常会遇到哪些困难呢?**

有太多的困难需要你去克服。无论你是为自己的品牌设计，还是为一些成衣品牌或者是高街品牌设计，都要遵循许多流程。首先，为了深入地了解客户的需求，你需要关注和研究季节、色彩、面料这些服装元素的变化。当然，组织并管理好一个设计团队是最主要的挑战之一，因为只有协调好团队中的各个成员，才能一方面让服装体现出各个不同的设计师的独特风格，而另一方面又能确保他们设计的服装系列风格一致，品牌特点得以彰显。

当然，现在还需要全面了解全球服装市场的情况，目前，一些高端设计师已经从时装发布会转向了零售模式。我相信在未来，时装的发展趋势会不断地演变。这既令人感到激动，但也是时装产业要面对的一个现实，设计师、品牌以及学生都需要学习、适应并发展现代化的思维。

## 你对定制西服的哪些元素最感兴趣呢?

谈到定制西服，尤其是在伦敦萨维尔街，最令我感到兴奋的是它那精良的制作以及做工考究的西服提升其穿着效果的方式。我认为，制作定制西服时有一种“建筑美学”感，这最能激发我的兴趣。服装的各种元素就像砖块、砂浆一样，需要一样一样地精心挑选、思考、造型、操作，最终将会完美地呈现出来，这意味着日日夜夜的辛勤工作以及日积月累的丰富经验。

## 你会给其他设计师什么建议呢?

服装设计就是要不断地探索、研究。在你决定到大学、专业学院深造或创办自己的品牌之前，应该尽可能多地了解这个行业。我遇到过或教过许多年轻有为的服装设计师，他们对服装设计师的工作量和需要做出的奉献感到惊讶。这个行业真的很艰辛，但同时它也是物有所值且充满创造力的，这个行业中涌现出很多让人惊叹的天才。

## 在服装设计中，了解服装的制作过程重要吗?

极其重要。一个服装设计师应该参与到服装制作的各个流程中，从最初的设计想法到试穿，再到最后将服装挂在商店里展示的过程。如果没有仔细考虑服装制作的过程，也没有认真开发利用服装材料，那么毫无疑问，这样制作出来的最终服装能被人一眼看出是没有经过仔细认真思考的，通常真的非常差。

现在有许多服装都是在远东地区生产，对服装制作过程的了解也是非常关键的，因为通常他们的制作流程都遵循着非常严格的时间表。如果服装的制作工艺和专业知识在最初阶段没有从服装设计师那里准确地传达到生产工厂，那么在这个快速运转的时代，这件服装就完了，而且很难挽救。

## 练习

## 定制西服的裁剪

1.设计一件简单的西服上衣，要考虑到它的扣合件、衣领和驳头的形状。画出草图并进行纸样裁剪。切记，要裁剪好西服上衣的表层面料，为驳头的制作打好基础。你也可以考虑采用一侧的衣片来进行服装造型。

要制作的部分包括：

- 上衣前片（成对裁剪）；分段黏衬
- 上衣后片（如果有后中缝，要成对裁剪）；后片顶部和底边黏衬
- 侧片（成对裁剪）；腋下和底边黏衬
- 大袖（成对裁剪）；袖山和袖口黏衬
- 小袖（成对裁剪）；袖口黏衬
- 前襟（成对裁剪）；分段黏衬
- 领面（只剪一个）；分段黏衬
- 底领（麦尔登呢/毛毡，或斜裁面料成对裁剪）
- 帆布前片（马尾衬或类似的帆布衬成对裁剪）

2.将纸样放置在蒸汽熨烫过的羊毛面料上，并将上面的这些服装部件用划粉标记出来，要格外注意面料的布纹线是否平直，以及哪些部位需要进行分块黏衬或定位黏衬。然后进行面料裁剪。

为了深入了解车缝的方法和技巧，应该勤加练习。

对上面步骤裁剪下来的部件，尝试使用以下手工加固和缝制技术：

- 进行分块黏衬或使用疏缝针法缝制里衬。
- 在上衣的止口，包括领口、袖窿、驳头等处敷牵条。
- 用纳针缝的方式将里衬或马尾衬、帆布衬缝到驳头上。
- 用疏缝针法将上衣前片的帆布衬缝制到上衣前片上。
- 用十字针法将帆布衬与纯毛面料缝制在一起（通常在缝份处）。

将准备好的帆布衬和衬里进行缝合，并检查缝制好的上衣是否匀称。检查袖子的位置，并手工将垫肩和袖山绲边缝制到袖山上。

## 进阶练习

买一件二手的定制西服，然后拆开衬里。把上衣的内侧翻出来，查看缝制使用的不同技术。试着模仿练习这些缝纫方法，并分析这件上衣面料的成分和细部。

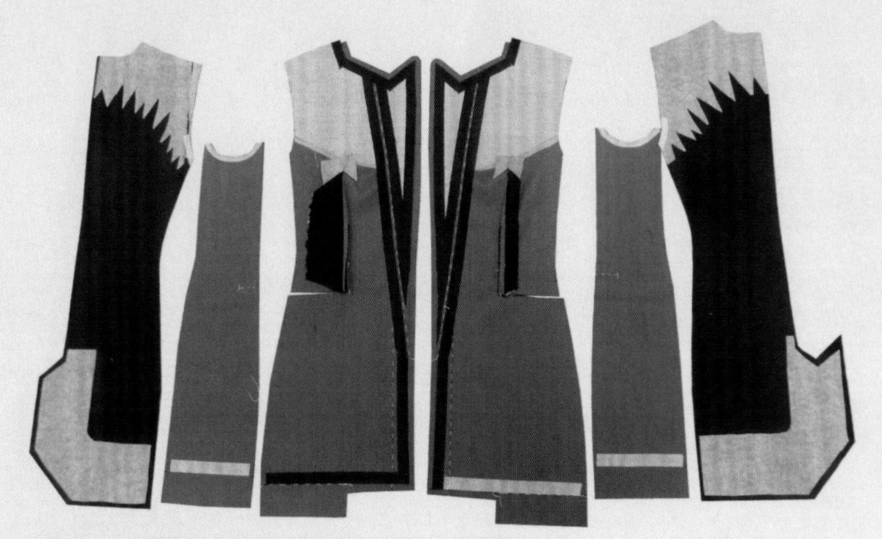

图5.14　使用黏合衬、帆布衬和牵条的西服上衣示意图

# Chapter 6

# 立体裁剪

立体裁剪就是在人体模型（也叫模特架、人台或是假人）或真人模特身上对服装面料进行裁剪。作为专业的服装设计师，20世纪20年代的玛德琳·维奥内特和20世纪30年代的阿历克斯·格蕾丝夫人(Madame Alix Gres）是最早致力于服装立体裁剪艺术的先驱，她们把才华和时间都贡献给了这门艺术。时至今日，设计师们仍然会不断回顾这两位前辈的成果，并不断地对她们的技艺进行再创造。

如果服装设计师想要找到更加令人激动的新的服装造型，或是想要获得一些意想不到的穿着效果，那么立体裁剪将是一种最好的方式。利用它，设计师们可以逐渐萌发设计想法并形成设计纸样。在这个过程中，也许是服装面料特殊的材质，也许是其独特的颜色，又或者是其别具一格的垂感都会让人灵感迸发，让人能够看到独特的设计就在眼前自然形成。

图6.1　迪奥的工作室

# 立体裁剪所需工具和器材

对服装进行立体裁剪时，可供选择的人体模型各种各样。在开始进行立体裁剪之前，一定要仔细查看即将使用的人体模型，这一点至关重要。首先，需要测量人体模型各部位的尺寸并分析它的大致形状，以确定它是否适合之后的设计工作，是否能够适用于将要产生的服装外形和尺寸。此外，在开始立体裁剪之前，还应该准备好以下的工具和器材。

**马克笔①：**用于在服装上做永久性标记。

**小剪刀和大剪刀②：**高品质的剪刀对服装设计很重要。你需要准备一把小剪刀（8~14cm），用于修剪面料或是在面料上开孔；还要准备一把较大的剪刀(14~20cm)，用于裁剪面料。

**裁缝划粉③：**用于在服装上标记临时线条。

**照相机④：**用照相机记录所有的服装设计步骤是非常有用的，尤其是记录下每个最终定型的裁剪结果。如果需要重新改造，而又没有

任何参考数据的话，无疑是浪费时间，而且往往结果令人失望。

**细大头针⑤：**大头针要选用锋利、细小、不生锈的。利用大头针可以将布片拼接在一起，并将面料固定在人体模型上。

**卷尺⑥：**150cm长的卷尺，用于测量尺寸。

**样式标记带⑦：**使用窄幅的织带或胶带标记造型线以及胸围线、腰围线和臀围线。

**立体裁剪用料⑧：**对于立体裁剪而言，最好选用最终要采用的服装面料，但是这样做无疑是非常昂贵的。其次，也可以选择重量、垂感和质地都接近于最终要采用面料的其他材料进行裁剪。一般设计师们较多选用印花棉布、平纹细布或是平纹针织布。这些面料价格不贵，且纹理线条很好识别。在设计、裁剪针织衫和毛线衫这两种服装时，应该选用相似质感的面料，如价格低廉的针织面料或毛线等。

# 布纹线和立体裁剪

布纹的方向会对面料的穿着效果产生强烈的影响，对布纹线的使用有以下三种方式：

1.可以在人体模型上沿面料的竖纹/经线来进行服装裁剪造型，通常这种竖纹与面料边缘平行。如果需要将面料裁剪得比较贴合身体或者服装的款型不需要利用面料的弹性拉伸，那么采用这种竖纹裁剪方式最为合适。

2.若利用面料的横纹/纬线进行裁剪造型，则需要将面料横置于人体模型上，让面料的边缘与胸围线、腰围线和臀围线保持平行。比起采用竖纹进行裁剪造型，采用横纹裁剪面料的弹性要好一些。横纹裁剪比较适合较宽松的服装款式，有时也为了更好的利用面料上的图案或光泽度。

3.利用斜纹进行裁剪造型，可以使面料不产生省道，也可以使面料呈现出更加柔滑的效果。将面料的一角沿对角线对折，形成45° 角的折痕，这个折痕就是正斜纹。

采用这三种布纹纹理进行面料裁剪会让你对面料的垂感有深刻的理解。而且，如果你多花些时间利用人体模型裁剪不同质地的面料，如毛料和针织面料，你会立刻了解到裁剪带来的效果截然不同。了解各种面料的质地是很有必要的，只有这样，你才能够正确地使用它们，也才能够掌握立体裁剪的艺术性。要知道，哪怕是一点点的激情，都能让人在这条路上走得更远。

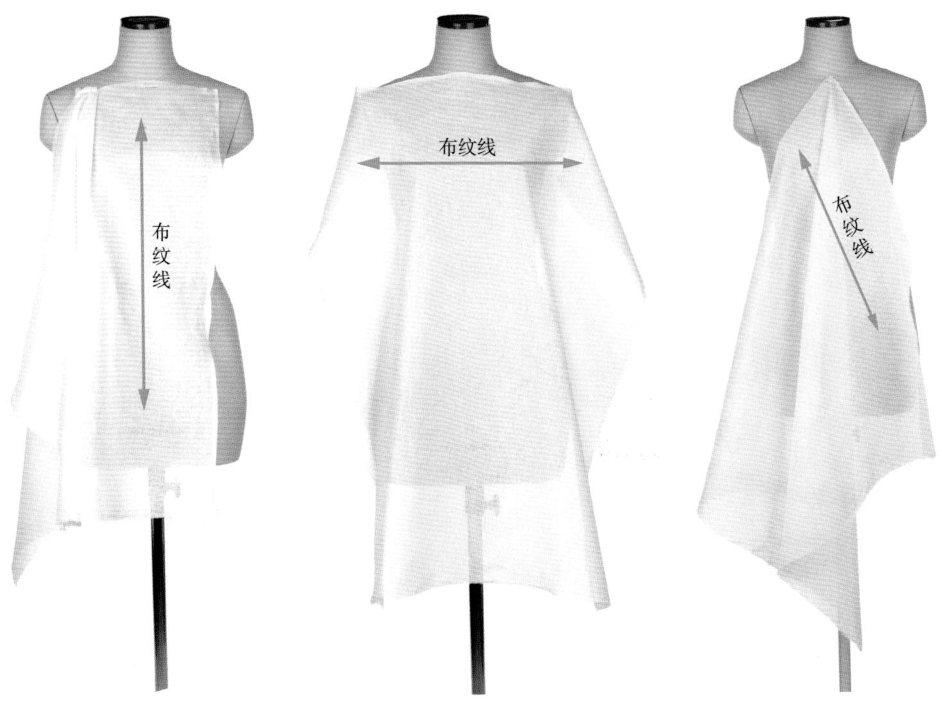


图6.2 竖纹

图6.3 横纹

图6.4 斜纹

## *保持纸样的稳定*

在人体模型上进行服装裁剪时，必须保证裁剪纸样的稳定性，这样才能确保纸样能够适当地贴合在人体模型的身上，不会向前、向后或是向两边来回晃。如此衣服的侧缝才能保持从上到下的自然垂直且能够与人体模型更加贴合。保持纸样稳定的一个好方法就是要一直保持服装的前中线和后中线的布纹线处于非常完美的状态，若是竖纹，就得保持从上到下的垂直；若是横纹，就得和胸围线保持平行。只有保证竖纹和横纹与侧缝之间形成恰当的角度，才能更好地保持纸样前片和后片的稳定。

在将裁剪好的服装从人体模型上取下来之前，应该确保服装上已经做好了所有的标记，如前中线、后中线、侧缝的位置以及胸围线、腰围线、臀围线等。

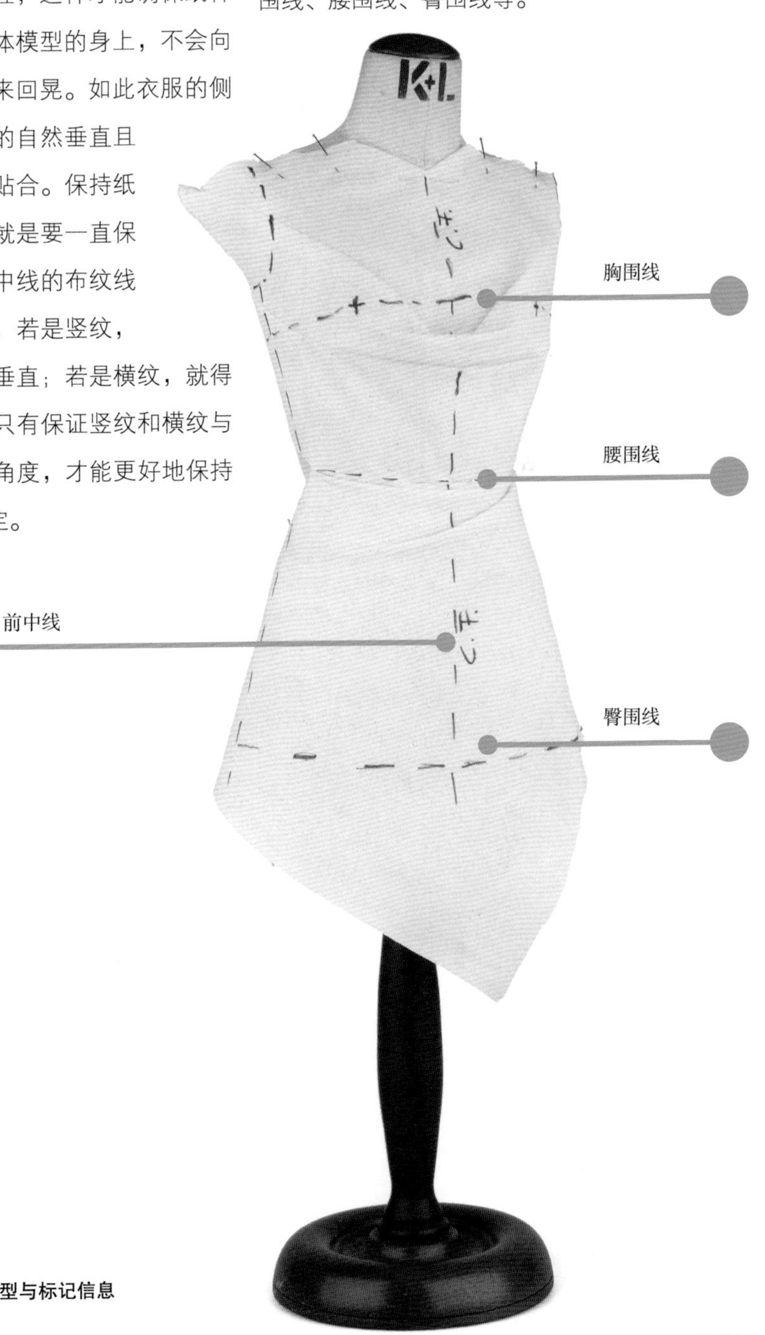


图6.5　立体裁剪人体模型与标记信息

# 立体裁剪的分类

用于进行立体裁剪的人体模型非常接近人体的轮廓，它完全是按照人体塑造的非常真实的模型。还有一种裁剪方法叫作松垂立体裁剪法，它是将服装面料固定在人体模型的某些部位上，如肩膀部位，面料就会松松的自然下垂，然后从这些特殊的点开始裁剪造型。

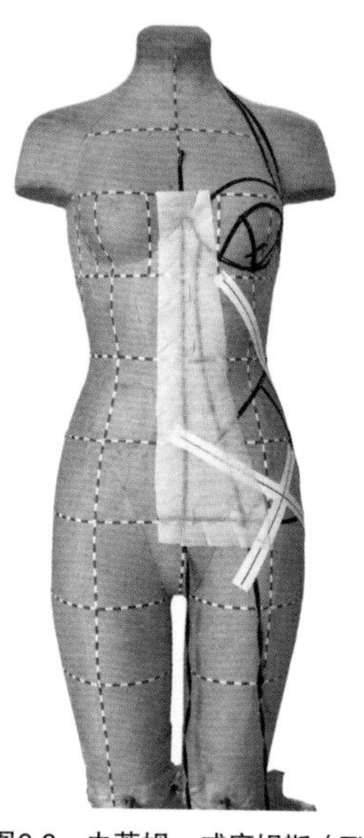

图6.6 由蒂姆·威廉姆斯（Tim Williams）发明的利用人体模型进行的身体廓型裁剪法（1）

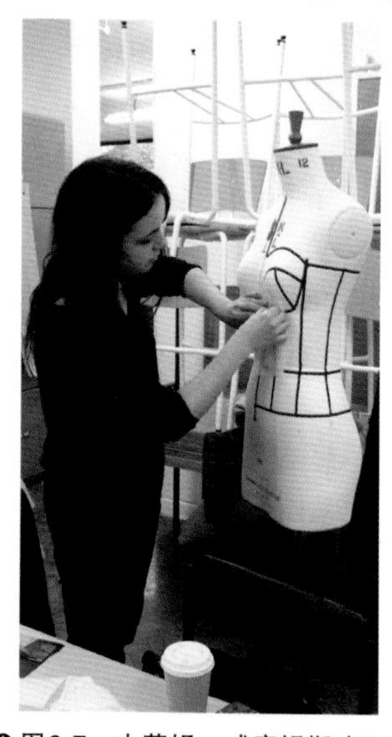

图6.7 由蒂姆·威廉姆斯（Tim Williams）发明的利用人体模型进行的身体廓型裁剪法（2）

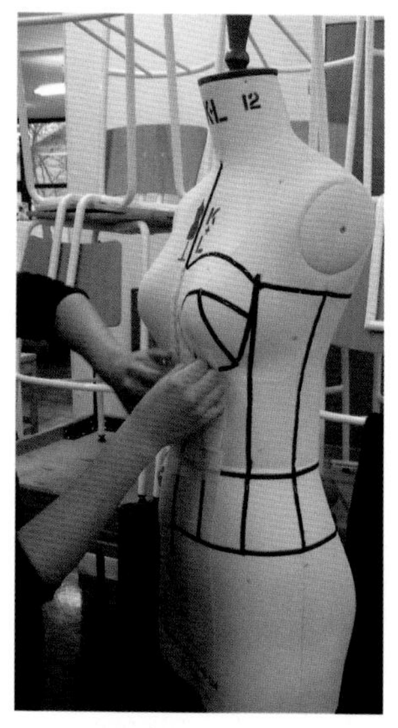

图6.8 由蒂姆·威廉姆斯（Tim Williams）发明的利用人体模型进行的身体廓型裁剪法（3）

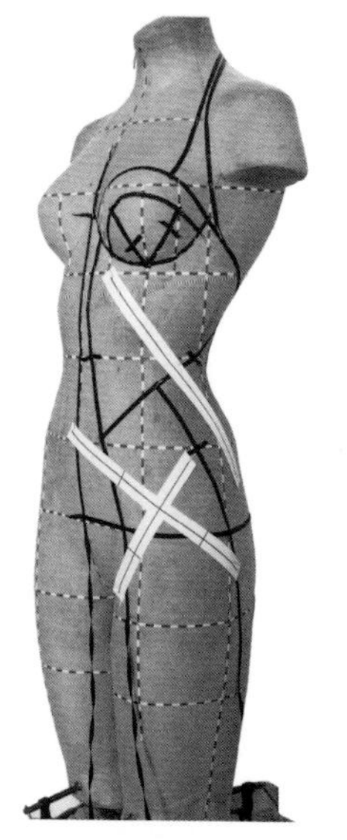

图6.9 由蒂姆·威廉姆斯（Tim Williams）发明的利用人体模型进行的身体廓型裁剪法（4）

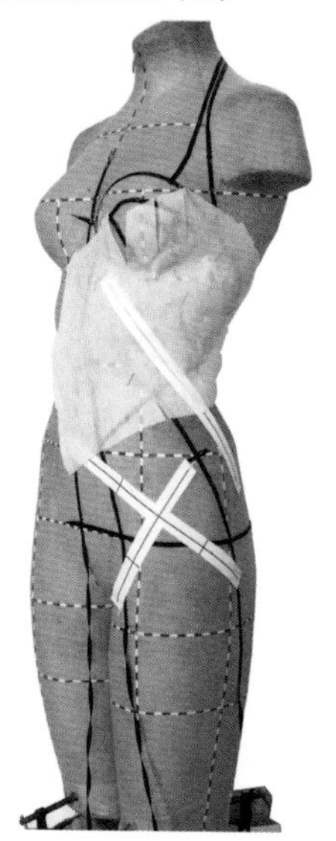

图6.10 由蒂姆·威廉姆斯（Tim Williams）发明的利用人体模型进行的身体廓型裁剪法（5）

图6.11 由蒂姆·威廉姆斯（Tim Williams）发明的利用人体模型进行的身体廓型裁剪法（6）

## 身体廓型裁剪法

20世纪90年代末，蒂姆·威廉姆斯为大内密探品牌(Agent Provocateur)和卢埃拉·巴特利品牌(Luella Bartley)设计了内衣和泳衣,以及其他的一些产品。他发明了一种新的裁剪方法，即直接在人体模型上“画”出服装所有的分割线和边缘线，这样他就能够快速而准确地设计出纸样。他对身体廓型裁剪法的阐述如下:

对于身体廓型裁剪法来说，最基本的就是利用人体模型作为裁剪的基础。这种方法是一种非常精确的根据假人模型的廓型进行裁剪，服装纸样要紧紧地包裹住人体模型，再通过缝合能使纸样与模型身体非常贴合。笔者用这种方法为电影业、内衣、泳衣和运动服装设计制作连身衣裤。笔者非常喜欢使用这种方法，因为它可以“画”出所有的分割线，这使我从一开始就是在进行三维立体的服装裁剪。

在想好了适合于人体模型的服装款式后，需要运用各种裁剪技法从上到下地不断完善新的款式，还要对其中的某些特别部位进行放大或缩小的修改。要知道，使一个新的款式适合于假人模型并不是什么难事，真正重要的是接下来的步骤，要让新设计的款式适合人体且保证其穿着的舒适性和灵活性，这才是最关键的。

在给学生讲解这种方法时，通常要求学生从第一个纸样开始，尽可能早地制作出样衣，这样他们就可以清楚地了解到，假人模型的身形和他们的样衣之间的关系。

所以，最先需要准备的器材就是假人模特。也可以使用商店常用的橱窗展示模特(当然只能选择那种两边对称的)，但首先需要用有弹性的针织布料紧紧地包裹住它，这样才可以在需要的地方用大头针固定服装面料。还需要准备各种颜色的圆珠笔、纸张、非织造衬布以及约6mm宽的黑色固定胶带。

原理很简单，只需要在人体模型上标记出服装分割线的位置，就会得到想要的造型款式。但像画线条这样简单的步骤，就需要依靠个人的技术了，自己得清楚地知道在哪里画出合适的线条，这考验的不仅仅是个人的审美能力，也考验着个人的工艺技术水平。

采用这种方法进行服装设计，需要清楚地知道自己的设计想法。裁剪时，应用最终要采用的面料来做样衣，这样就可以直接把面料披覆在假人模型上，并且很容易知道还需要做怎样的修改。例如，使用的是弹性较小或没有弹性的硬质面料，则需要通过很多分割线或省道才能使它适合模型或是人体的轮廓；而使用的是有弹性的针织面料，如莱卡弹性面料，则比较容易做到贴合身体，因此不需用太多的分割线来造型。

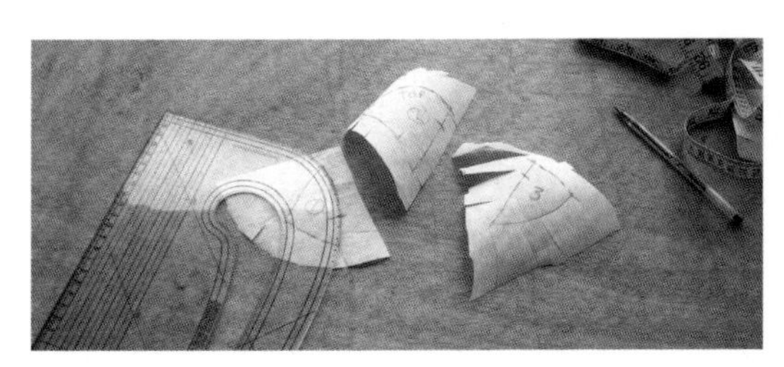

图6.12　将纸样裁剪成片（1）

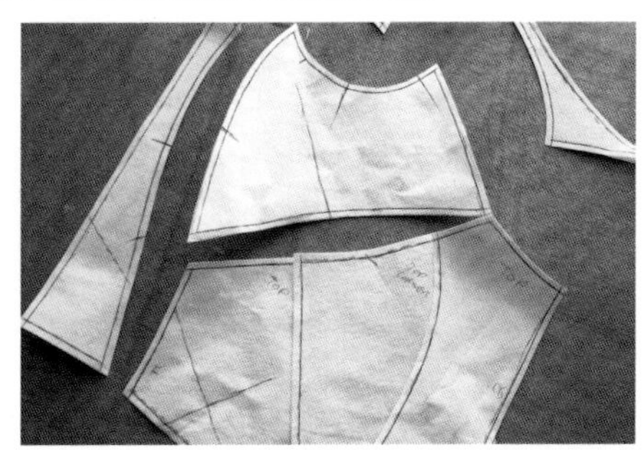

图6.13　将纸样裁剪成片（2）

图6.14 朗万（Lanvin），2016春夏服装系列

## *松垂立体裁剪法*

另一种利用人体模型进行裁剪的方法就是松垂立体裁剪法。将长长的平纹细布松松地披挂在人体模型上，利用面料的悬垂感达到造型效果。有时松垂立体裁剪法还会运用到内部结构的设计上，如束腰，这样才能将外部服装与之连接在一起。

所有松垂裁剪的服装都需要有一个连接点，可以是领口、肩部、袖窿、胸部、腰部或臀部，利用这个连接点才能给面料造型。非常重要的一点是，需要确定正确的面料纹理，因为它对面料的造型效果影响非常大。

## 立体裁剪的提示

- 选用的服装面料应该在重量、质地和品质上与最终使用的面料尽可能地接近。
- 面料的边缘通常会比其他部位织造的更加结实，因此，应该用剪刀将面料的边缘剪开放松紧或是直接把面料边缘全部剪掉。
- 因为面料有可能收缩，所以应该在开始裁剪之前将面料熨烫一下。
- 要注意观察面料的纹理。通常情况下，应该使用在最后的服装中要运用到的面料纹理方向。
- 要使用比较细的针，这样会比较容易穿过人体模型上的面料。
- 采用尺码和身材适当的人体模型。
- 裁剪之前，应该考虑是否有必要使用垫肩或其他部位的衬垫。
- 不必过分担心面料裁剪的过深。如果裁剪得过深了，可以替换或者用针线缝起来。
- 要清楚地知道哪些因素会影响服装的穿着效果，使它看起来显得过时或者时尚。例如目前，如果把腰线拉低或是把肩膀宽度缩小些，会让服装看起来更加时尚。
- 一定要清楚记住你最终想要实现的那种特殊的服装风格、比例或是细节。
- 先将外形轮廓把控好，再专注于细节。
- 裁剪不对称的服装时，要沿着前中线到后中线的顺序只裁剪一侧，然后过前中线和后中线再从另一侧裁剪。
- 避免抻拉人体模型上的面料，下手要轻。
- 要经常退后几步远距离地观察你的作品，或是把它拿到镜子前，观察镜子里服装的镜像。
- 如果工作了一个多小时，还不能达到令你满意的效果，则应该停下来休息一会儿，然后再接着干。

图6.15 李·达克沃思（Lee Duckworth）的立体裁剪造型试验

# 几何造型

在人体模型上进行裁剪设计时，采用一些简单的几何图形往往会出现让人意想不到的效果。从圆形到方形，你可以裁剪出不同大小、形状的几何图案。它们既可以单独用来造型，又可以把它们拼接在一起产生不同效果的造型。试一下吧！看看这些用大头针固定在人体模型上的例子吧，你会受到启发的。

***参考书籍***

服装裁剪是一门令人兴奋的艺术，它总是会产生一些令你感到意外的效果。有些服装设计师喜欢直接在人体模型上将他们的想法变成现实，并不断加以完善。可以说，无论纸样裁剪是采用竖纹还是横纹的裁剪方法，立体裁剪的造型结果都是难以复制的。本书在最后列出的参考书目可供大家在进行立体剪裁造型和设计时查阅。

图6.16 正方形造型的裙子

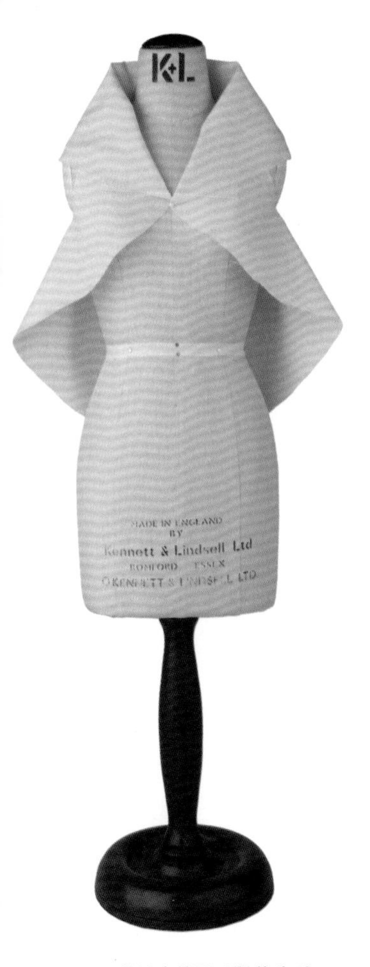


◎图6.17 带袖窿的圆形服装造型

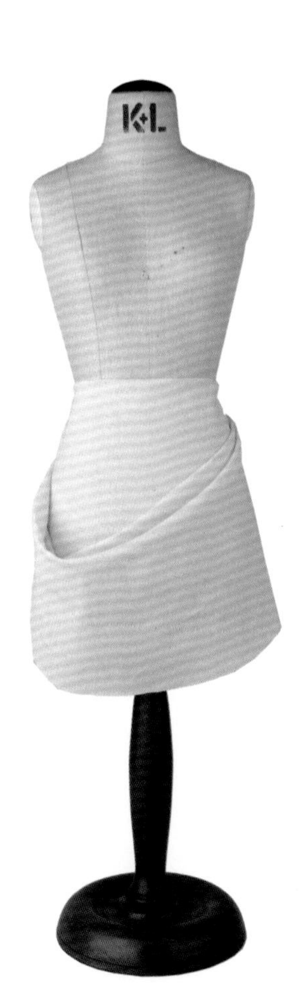


◎图6.18 斜纹裁剪的三角形和长方形服装造型

◎图6.19 斜纹裁剪的两个三角形和一个长方形的服装造型

## 从业者访谈

### 罗伯·库里（Rob Curry），旧金山艺术大学时装设计副总监，负责三维立体服装设计

罗伯是旧金山艺术大学的时装设计副总监，负责服装的三维立体设计、服装制作、立体裁剪和平面纸样等工作。他是一位经验丰富的学者、纸样裁剪师和服装设计师，作为一名女装造型师，他与薇薇恩·韦斯特伍德（Vivienne Westwood）一起工作，而且他也曾与设计师特里斯坦·韦伯（Tristan Webber）和朱利安·麦克唐纳德(Julien Macdonald)在多个服装系列开展合作，还曾与日本品牌Unobilie合作过。

**你是在哪里接受专业培训的?**

我毕业于利兹大学，然后（没有再进行硕士课程的学习）在博尚地方工作室（Beauchamp Place atelier），跟着布鲁斯·奥德菲尔德（Bruce Oldfield）做了两年学徒。我想要认真学习服装设计的各项技能，通过严格的训练成为一名技术全面的女装设计师，而我认为仅是硕士阶段的学习还不能让我实现这一抱负。

我想成为一名善于三维立体设计的设计师，所以做学徒对我而言是更加有益的经历。我需要直接跟各种服装面料打交道，学习服装的内部结构，还有各种与高级定制服装相关的手工缝纫工艺。其实，就是那段学徒时期才是我服装工艺逐渐成熟的开始。

**你是用什么样的方法进行三维立体设计的?**

开始设计工作之前，首先要明确自己的服装设计动机。要清楚自己最关心的问题是什么?对于我来讲，我会非常关注服装的比例、廓型、合体度、面料穿着的效果和分割线产生的视觉效果。

作为一名女装设计师，我认为最伟大的前辈就是玛德琳·维奥内特。在我最初的女装设计职业生涯中，玛德琳·维奥内特的设计理念就是我内心的声音，要不断提出问题，要不断寻找答案。她在很多方面，都是一个特立独行的人，从她的身上我学到了要忘记时尚的理念，而只去全身心地投入到设计工作本身。

一天的工作结束后，你有可能觉得一件衣服做得好或者不好，做出的造型有可能不错也可能不太好，裁剪的效果也有好有坏。人的品位和审美都是非常主观的，但技术就不是这样了。

**在你所做的工作中，立体裁剪有多重要呢?**

它意味着一切，我经常会迸发出（我此时正在想的）激动人心的想法，例如怎样的纸样剪切能让一件衣服焕然一新。一个令人激动的想法似乎就能给服装的裁剪带来新的理念。然而，在立体裁剪的形式下，这种想法可能会转瞬即逝。你必须清楚地知道，服装面料不仅仅

在美感上发挥其功能，还应该保持其实用性。只有在人体模型上直接进行三维的立体裁剪，我们才能真正地观察到作品，并且由此分析出面料和服装形态之间的关系。

## 你的服装作品中，有多少是意外收获？你喜欢意外的结果吗？

意料之外的结果，或是“令我愉悦的特殊情况”都会对我有所启示，它们可以把新鲜的生命元素带入到一个服装设计中，并且把我带上一条新的设计之路，然而，我并不认为这样的事情对我来说真是“意外”。它们更多的是，通过对这些面料的处理（裁剪或是用大头针拼接），让面料垂挂包裹在人体模型上，这样，服装的比例、廓型、款式都被展示出来。根据这些面料信息，我们才能分析并做出回应。这一系列的过程应该是观察、分析、理解和做出回应的结果。

## 你对立体裁剪和平面裁剪怎么看呢？

在我看来，并不存在立体裁剪和平面裁剪相对立的问题，两者都是服装创作过程中必不可少的一部分，不管我们选择从哪一种方法先开始，总是要接着使用另一种方法，这种方法上的选择都是根据项目本身来决定的。我们开始设计时，是按照逻辑指示进行的。大体上讲，我更愿意花时间通过立体裁剪进行服装造型，尤其是制作看起来规模很大的礼服裙时。然而，如果我心里有了对面料进行几何图形裁剪的想法时（如针织面料），我就会拿着纸张和尺子走到人体模型前（开始设计），过一会儿再回到桌子前接着研究，每一种方法都对另一种方法有着非常重要的提示作用。所以，没有要么这个方法要么那个方法的争论。

## 你怎么看待传统工艺和现代技术呢？

工艺和技术都应该大力发展，提升我们设计师“武器库”里的必备的技能。就像语言的发展反映了我们生活的时代一样，现代的技术和技巧也反映了这些。但是，我们不能用它们来代替基本的传统工艺，因为基本的工艺是经过了几个世纪的发展逐渐积累形成的。只有我们理解和掌握了前人的方法，我们才能真正地有所超越，才能让思想更加进步。也就是说，新东西的产生绝不是依赖于将之前的方法完全摒弃，而应该是在过去方法的基础上，增加新鲜的东西。

## 你对其他的设计师有什么建议吗？

最重要的是要有强烈的自我意识。作为一名服装设计师，你要明白你是谁？你个人的动机是什么？要确定你的优势和自然魅力，并确保你的设计之旅不会绕弯路，不会经历那些平淡的路线，或者被肤浅的担忧所束缚。

不管是什么领域、什么专业，如果你被它吸引，就应该把它做好。每一个时尚领域或是服装类型都有它们自己特殊的语言。你要去学习这种语言并且把它讲得非常流利，这样的话，你就有可能去超越它、颠覆它。

就像是一位音乐家一样，你首先得去学习音符，然后才能忘记这些音符，因为你已经把音乐装进了你的心里。

# 练习

## 立体裁剪

### 练习1

- 采用不同的造型线在人体模型上立体裁剪一件紧身胸衣。首先用胶带在人体模型上标记出这些造型线，然后将准备好的面料用大头针固定，再根据造型线进行裁剪。
- 将造型完成的样品转化为纸样。
- 用帆布进行裁剪，然后重新制作，检查是否与最初的造型完全吻合。

### 练习2

- 采用立体裁剪的方法斜裁一条裙子或者无袖上衣。切记，利用面料的布纹线并确定45° 角的折痕。
- 将造型完成的样品转化为纸样。
- 用帆布进行裁剪，然后重新制作。

### 练习3

- 用一张大一些的纸剪出以下几何图形：正方形、圆形、三角形。
- 使用这些图形，在人体模型上直接按照新的想法立体裁剪出三个造型。切记，你可以利用面料的斜纹，裁剪出不同感觉的作品，然后再用针织面料裁剪出这些造型。
- 将造型完成的样品转化为纸样。
- 用帆布进行裁剪，然后重新制作。

### 进阶练习

- 找一张裁剪有趣的T台时装或者设计师时装的图片，判断该服装采用了什么材质的面料，然后找到一块和它重量相似的面料。
- 用3小时的时间按照图片上看到的服装进行立体裁剪。裁剪时，要特别注意服装的比例、完整度和稳定性。
- 将造型完成的样品转化为纸样，然后重新制作。

图6.20 立体裁剪图例

K+L 10
K+L

# Chapter 7

# 服装支撑与服装结构

本章简要介绍服装的结构，同时介绍一些可用于实现服装支撑作用的材料和技术。

在自然状态下，制作服装所用的面料总是保持向下悬垂。利用面料的重量、厚薄度、褶皱、悬垂感和弹性等因素就能使面料与人体体型相贴合。但有的时候，服装设计师为了得到某种特殊的服装造型，需要利用一些其他的材料和技术来支撑服装面料。多年来，许多服装设计师通过巧妙地裁剪和采用一些特殊的基础性结构，不断完善和重塑了服装的外形轮廓。

找到服装表层之下合适的支撑结构和材料，对于设计师而言，无疑是服装结构设计方面最大的挑战之一，当然也是最大的乐趣所在。研究服装的基础材料和服装裁剪的发展历史是十分重要的。一方面，我们需要向先辈们学习的东西还很多；另一方面，如今那些具有创造力的人利用从先辈那里继承的宝贵经验，创造出当下甚至未来的时尚潮流。

◀图7.1　长款胸罩式紧身胸衣

# 服装支撑与服装结构的发展历程

纵观服装发展的历史，服装设计师和裁缝师一直致力于创造出一些时尚的新造型。自人类第一次使用衣物遮盖他们的身体以来，就不断使用并完善一些支撑性材料和基本结构为服装造型。起初，服装只是纯粹地为了遮掩和保护身体，但随着时间的推移，服装逐渐开始与人们的社会地位、经济地位相关联，于是，人们对服装的结构造型越来越感兴趣，因为通过特殊的结构造型，服装能够凸显出人们身体的某些部位。

至1860年，作为世界上工业化程度最高的国家，英国正处于社会繁荣的鼎盛时期。

1800年　1830年

在19世纪60~80年代的维多利亚时期，女性穿着的裙子达到了空前繁琐的程度。她们的裙子变得越来越沉重，逐渐出现了紧身胸衣、两三层的衬裙、裙箍、裙撑这些结构。

到1865年时，女裙上的老式衬裙（一种非常硬的衬裙或裙式结构）已经过时，取而代之的是一种更为结实的裙撑。这是一种由马鬃、钢骨和棉布制成的非常牢固的服装结构。

在当时的社会里，男性与女性的社会角色和地位完全不同。19世纪的女性在生活方式的选择上受到诸多限制，只能做贤惠的妻子或女儿。那时的人们都认为女性不但柔弱而且头脑简单。而且让女性变得柔弱并不难，因为只需要让她们穿上沉重的紧身胸衣，就会让她们的身体变得虚弱。在当时的社会里，女性不穿紧身胸衣就会被认为是品位粗俗，因此，无论如何女人们都会坚持穿着紧身胸衣。有时，这种胸衣会紧到令人无法呼吸的地步。

到19世纪末期，服装潮流发生了很大变化。更加简洁的线条受到人们的青睐追捧，女性虽然仍旧穿着紧身胸衣，但她们终于脱去了沉重的褶皱裙撑。

到爱德华时期，女性开始崇尚S型的身材曲线和丰满的胸部。为了追求人们崇尚的“沙漏”身材，女性就必须穿上束腰非常紧的胸衣。

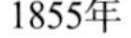

1855年　1870年

1895年

1900—1909年

但很快，爱德华时期女性崇尚的身体线条遭到了保罗·波烈的质疑。保罗·波烈是建立起服装时尚帝国的首位服装设计师。他采用了更加柔软的材料取代了原来结实、僵硬的紧身胸衣，他还运用高腰线开创了流线型的服装曲线造型。

到20世纪20年代，女性最终抛弃了紧身胸衣。这是时尚史上的一个神话。女性开始穿着更有弹性的圆柱形胸衣，以适应时尚的新的轮廓造型，这样的服装廓型使得她们的整个身体从上至下呈现出完整的线条。

接下来发生的服装结构的重大变化是受到了好莱坞和电影业的影响。在20世纪30年代，对女性胸部的重视重新流行起来，女性更加青睐能够突出女性特殊身材且质地柔软、造型感强的服装。这种对新的身材轮廓的追求可以通过穿戴塑型胸衣来实现。

到20世纪30年代中期，女性的紧身胸衣和晚礼服又重新引入了经过改良的裙撑结构。英国皇家裁剪师诺曼·哈特奈尔（Norman Hartnell)是这场新维多利亚时期时尚运动的关键人物。

到1947年第二次世界大战结束时，克里斯汀·迪奥（Christian Dior)推出了他的第一个被誉为“新风貌”的传奇春季女装系列。实际上，这个服装系列并不那么“新”，因为迪奥其实只不过是重现了流行于19世纪的小腰圆形裙。但当时，人们迫切想要忘掉受物资配给制严重影响的战时风格，所以夸张的服装用料、长摆裙以及女性腰上的腰带似乎都变得非常新颖独特，具有强烈的吸引力。

1920

新风貌

为了实现这个战后的“新风貌”系列服装的造型，迪奥采用了收紧腰部的紧身胸衣和专为打造臀部曲线的专用衬垫作为服装的基础结构，这样一来，女性特有的身材曲线得到了强调和突出。

到20世纪50年代的时候，又流行起造型优雅和突出女性特征的风格。而60年代却流行非常酷的风格，这是受到这一时期流行音乐的影响。年轻亮丽的色彩风靡一时，波普艺术、太空时代的影响、合成纤维面料都成为时尚的流行元素。

到20世纪70年代，胸衣和衬裙都变成了只适用于特殊场合和晚礼服的特殊品，时至今日多数女性仍然如此认为。她们不再把胸衣看作是必需之物，如今的女性更加热衷于通过饮食控制和运动锻炼来塑造自身凹凸有致的好身材。

1911年

1912—1913年

# 服装支撑材料

服装的支撑材料种类繁多。时至今日，得到完善发展的骨架支撑技术仍然被广泛应用于紧身胸衣及衬裙上，衬垫也经常作为服装面料的夹层被使用，以增加面料的厚度和体积。

我们经常能够看到使用不同重量的针织面料以起到增大服装体积和将服装加以提升的作用，也能看到使用衬垫来达到构建服装的基本造型和增大体积的目的，以凸显人们身体的某些部位。例如，服装的衬垫可以用来给服装定型，调整服装结构；绗缝面料因为比较挺括、僵硬，所以不怎么贴身；而软填料则被用来制造出服装的结构感和隔离感。

衬布/衬里主要用于服装的支撑或增加服装面料的质感，其主要分成两大类：黏合衬里（熨烫黏合的）和非黏合衬里（缝制的）。普通衬衫的衣领、袖口、纽扣门襟等部位都要使用衬里。帆布有时会被用于服装的一些有更多质感要求的部位，如定制西服的前片。

欧根纱、蝉翼纱、棉布等材料也都可以用作其他需要更加体现身体轮廓和稳定性的面料的衬里。

裙撑和硬衬布都可以使服装的造型更加硬朗、更加结实。

对衬垫材料和衬里材料的制作工艺进行研究非常有趣，可以让我们了解不同的材料和工艺。在设计一些需要服装支撑和特殊结构的服装时，甚至关于马术专业服装、鞋子和手袋制作的书籍往往也会给人带来许多有用的灵感。

1. 帆布衬
2. 黏性和非黏性牵条
3. 熨烫黏合衬里/黏合衬
4. 强支撑性硬衬布
5. 用帆布衬和填充物加工成的上衣前片
6. 量身定制的垫肩
7. 肩部绲条
8. 裙撑
9. 鱼骨、塑料和塑料涂层的金属支撑
10. 填充物
11. 插肩肩垫

## 网纱面料

网纱面料是一种有网眼的透明面料，它是已知的最古老的服装面料之一。它可以用各种天然的和人造纤维制成，如真丝、棉、人造丝、涤纶、锦纶等。网纱面料可以非常轻薄，也可以比较硬挺、厚重。比较精良的一种网纱面料叫作薄纱，呈现出六角形的网眼。

网纱面料主要用作服装的支撑材料，通过将它构成一层或多层的层状组织，用于制成服装的衬裙和内衬，所需使用的数量取决于要实现的服装体量。它也可以被用来做服装拼接的连接和衬里，这是因为它可以在不增加多少重量的情况下，大大增加服装面料的硬挺度。它也非常适合用来做蕾丝嵌花的底布。网纱面料不仅仅用作服装的衬里，一些特殊的网纱面料也用于直接制作服装，营造出一种不同寻常的服装效果。

网纱面料没有明显的布纹线，而且这种面料的水平方向比垂直方向弹性大，在裁剪面料时一定要牢记这一点，这样才能很好地利用面料的特性。使用网纱面料的时候，还要特别小心，因为这种面料很容易被撕破。这种面料的另一个特点是它不易被磨损，但它比较粗糙的面料边缘有可能会让人的皮肤感觉不舒服，为了避免这一点，可以对面料的边缘进行包边处理，或者使用蕾丝、网眼贴边来处理。

◀图7.2　玛切萨(Marchesa)，2016春夏服装系列

### 网纱面料的种类

魔幻纱是最好的网纱面料之一，经常被用作服装上的装饰部分，如新娘面纱。

马林丝纱罗是一种六角形网眼的细网纱，主要用于制作女帽。

点花六角网眼纱是一种非常好的网纱，在其网状的间隔上缀有小圆点，是一种装饰性非常强的网纱。

薄纱也是一种很好的网纱，可以直接使用，也可以上浆后再使用，可以用来制作芭蕾舞短裙等。

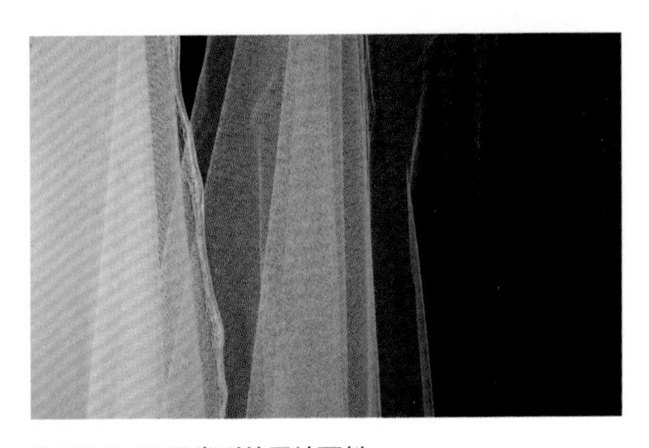

▲图7.3　不同类型的网纱面料

▲图7.4　克里斯汀·迪奥的用网纱面料制作的裙子，使裙子的体量变得更大

## 绗缝

绗缝面料分成双层或三层两个类型。双层绗缝面料的面层具有装饰性，底层是垫层，由棉布或合成纤维混纺材料构成。传统绗缝面料的做法是将两层布料用一系列对角线车缝在一起，以形成菱形图案。双层绗缝面料主要用作服装衬里，起到隔离服装表层面料的作用。

三层绗缝面料又可分为单面使用和双面使用两类。单面使用的三层绗缝面料，其面层通常是重量较轻的经编面料，底层是衬里或薄纱，中间是垫层，通常用机器将三层面料缝合在一起。双面使用的绗缝面料有正反两个面层，中间是垫层，也是用机器将三层面料缝合在一起。

一些绗缝面料比较厚实，这取决于各个面层及垫层的厚度。一般绗缝面料比较僵硬、挺括，不太贴身。一些服装设计师还创造出了独特的绗缝面料和缝合技术，营造出独一无二的服装装饰效果。

绗缝面料也可以用来实现身体防护的作用，如用于摩托车专业服装及其他运动服装。

图7.5 J.W.安德森（J.W. Anderson），2016秋冬服装系列

## 衬垫

用衬垫填充服装能够起到强调身体某些部位的作用，能够增加服装的造型感和支撑度，或者能够让一件衣服看起来更加时尚。添加衬垫会使服装凹凸有致或形成新的造型，可以通过填充羊羔毛、涤纶摇粒绒、棉絮或者羊毛等使其变得平整。早期使用衬垫进行独特造型的是对超现实主义极感兴趣的设计师艾尔莎·夏帕瑞丽（Elsa Schiaparelli,1890—1973）设计的一条晚装裙。这条裙子是采用衬垫特别呈现出人体骨骼的黑色晚装长裙。

克里斯汀·迪奥在他的“新风貌”服装系列中也使用了衬垫，彰显出独特的设计感。在这个服装系列中，他利用衬垫特别强调了人体臀部的线条，使服装散发出强烈的女性魅力。还有现代服装设计师维克多和罗夫（Victor & Rolf）在他们1998/1999秋冬服装系列中也尝试性地使用了衬垫塑造的服装基本形状，然后将面料直接披挂在上面。当然，有一点要明白，不论有没有衬垫，服装都可以穿得很美。

衬垫还可以用于服装的底边上，这样能够使底边变得更加柔软、有分量，也更加有型。底边加上适当的衬垫还可以保护底边不会因为过度熨烫而变形，且可使底边长久地保持柔软的状态。

图7.6 克里斯汀·迪奥“新风貌”服装系列中的女士套装

## 垫肩

垫肩被用来给服装的肩膀区域塑形，在肩膀和底领的部位营造出一种非常平顺的感觉。垫肩被放置在服装面料和衬里之间，或者将包覆的垫肩直接垫在服装肩部的内侧。

垫肩的大小和形状各有不同。根据服装衣袖的设计，要使用不同的垫肩。例如，西服垫肩是一种三角形的垫肩，由多层垫料松散的缝制在毛衬之间构成。这种垫肩常常用在男式或女式西服上衣或者外套上，能够让服装的肩点提高1~1.5cm。垫肩的高度也可以定制，中间的夹层也可以增加以达到不同的视觉效果。

插肩袖也可以使用垫肩。一般插肩袖会呈现出更加柔和的肩部效果，因此，插肩袖使用的垫肩是椭圆形的。用于西服衣袖上端的垫肩会在肩膀外侧边缘处被裁剪整齐，这样可以使肩膀呈现出一种强烈的方形效果，而插肩袖使用的垫肩是一直沿着肩膀伸展的，直到服装的袖子，所以看上去更加柔和。

现成的普通垫肩在缝纫用品商店就可以买到，当然，如果想要获得更好的效果，还可以使用服装的纸样去制作，这样垫肩的合体度和外形将会非常理想。设计师们必须要考虑使用定制垫肩要花费的额外费用，但是，当设计师们创造出了更好或者更加令人激动的服装廓型时，这样的额外花费是值得的。

从20世纪80年代到90年代，垫肩深受服装设计师们的喜爱，非常流行，甚至像宽松款的衬衫和针织毛衣之类的服装也都添加了可拆卸的垫肩。在80年代时，女性甚至将大小、形状各异的垫肩塞满她们的配件抽屉，这样她们就可以在任何外套里面添加垫肩了。

### 女式西服

在20世纪80年代初，一种新的服装风格诞生了。美国电视节目（如达拉斯和王朝）中的一些著名女性和一些有政治、商业影响力的女性成功地创造了这种风格。很快，这种风格的服装就变成了非常出名的“权力女装”。这种风格的服装辨识度很高，通常会采用一些比较昂贵的面料（如真丝）和比较干练的线条裁剪。于是，男人和女人都穿上了西服，这种风格强烈地向人们暗示着女性的能力和权威。

图7.7　西服垫肩（左侧）和插肩袖垫肩（右侧）

图7.8　形状和大小不同的插肩袖垫肩和西服垫肩

# 衬里与黏合衬的使用

我们经常在服装的某些部位使用衬里和黏合衬，它能起到突显身材，加强服装面料稳定性的作用。衬里的种类主要有两种，一种是黏合衬里，它是通过熨烫的方法，使布料上的可黏合的小点融化，与面料结合在一起；另一种是非黏合衬里，它是通过缝合的方法与面料结合在一起。从"黏合衬"开始，我们将更加详细的说明关于衬里和黏合衬的相关信息。

## *使用衬里与黏合衬的部位*

服装上的一些特殊部位或者重要部位需要特别加固，例如，扣子、扣眼等部位，必须通过加固才能承受高强度的拉力。而像裙子和裤子的腰头等部位，也要比较结实，这样才能使它们能够承受身体运动带来的磨损。大家都希望服装的衣领、袖口等部位能够比较挺括有型，而且能够禁得起多次洗涤，这就需要利用衬里对其进行加固。

黏合衬被用来加固以下服装部位：

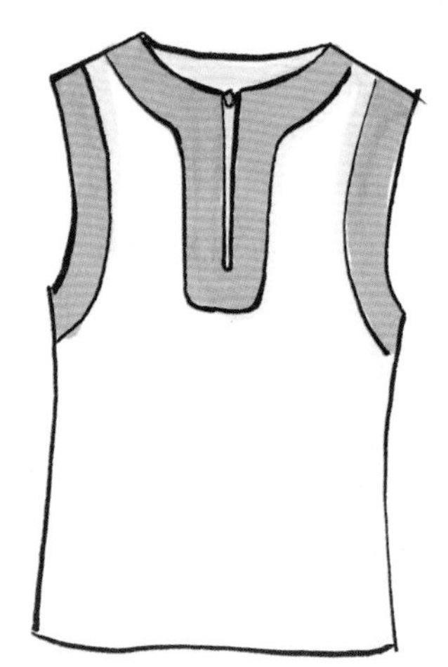

**贴边**

- 贴边。上衣的领口及袖窿周围需要使用黏合衬进行贴边处理。

**衬衫**

- 衬衫领。领里、领面及底领应使用黏合衬。
- 门襟、里襟整体使用黏合衬。
- 袖子。袖口、袖衩处应使用黏合衬。

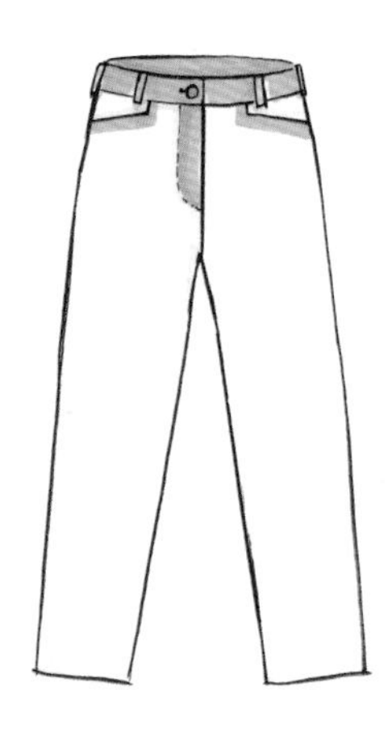

**裤子**

- 腰头。整个腰头部位应该使用黏合衬。
- 串带襻。整根串带襻都应该使用黏合衬。
- 口袋。袋口处应使用2~3cm的黏合衬条。
- 拉链门襟。拉链的门襟或里襟处都应使用黏合衬。

**上衣**

- 上衣前片。整个前片都需要使用黏合衬。
- 领子。领子和驳头部分用缝合加固衬。
- 前片贴边。用缝合加固衬。
- 口袋。袋口使用2~3cm的缝合加固条，若为双嵌线袋，则需在上下嵌线处用衬。
- 上衣后片。后片上半部分需要使用黏合衬。
- 袖子。在袖山顶部、袖衩门、里襟、袖口处使用黏合衬。
- 止口。挂面使用黏合衬，需要超过驳口线约1cm长。
- 背衩。背衩处的门、里襟都要使用黏合衬。

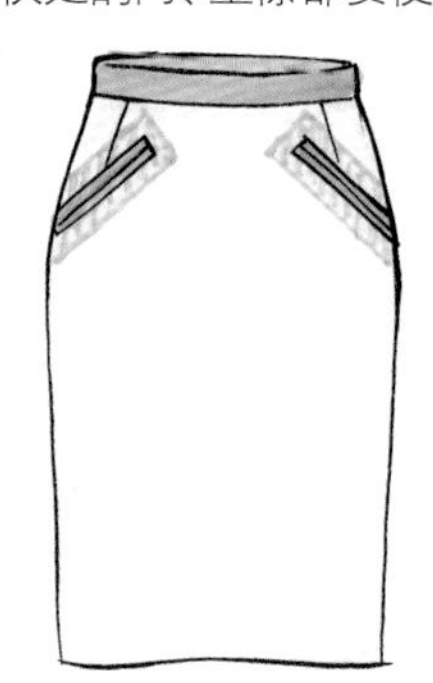

**裙子**

- 腰头。整个腰头都要使用黏合衬。
- 口袋。袋口需要使用黏合衬，若是双嵌线袋，则需在上下嵌线处用衬。

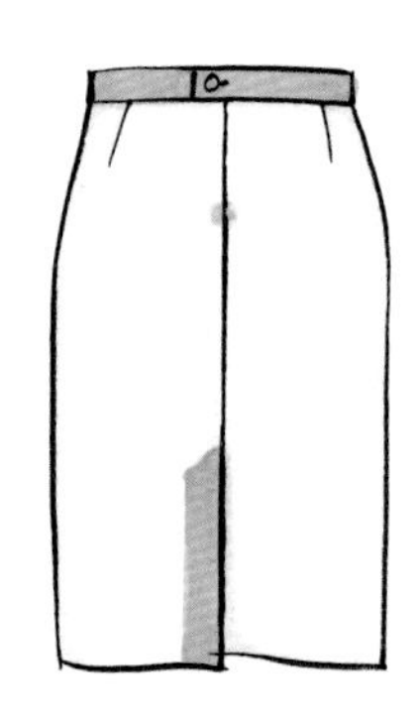

- 拉链。剪一小块圆形黏合衬，在拉链的末端进行加固。
- 裙后衩。裙衩处的门、里襟需要使用黏合衬。

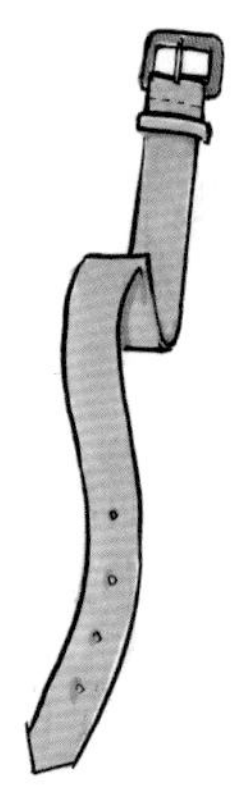

**腰带**

- 腰带。整条腰带都需要使用衬里。

***衬里的处理***

剪裁衬里时，应确保衬里比面料的边缘缩进约5mm进行裁剪。这样做是为了避免衬里在接缝处长于面料边缘，避免长出的衬里粘贴到熨烫台或者黏合机上。还有很重要的一点是，要避开过重面料的边缘，这样衬里才能很好地与面料边缘贴合，逐层操作是比较好的方法。

## 黏合衬

使用黏合衬（熨烫衬里）时，应注意以下三个因素。

**温度**

熨斗或者黏合机的温度要适合用于黏接衬里和面料的黏合剂。

**压力**

若压力过小，很容易使衬里与面料的黏合不牢固。

**时间**

根据黏合剂的熔点和衬里与面料所需要的压力来确定合适的时间长短。若时间过短，黏合剂就不能熔于面料上。

黏合衬的种类多种多样，以适用于不同的面料。一些黏合衬上有排列非常密集的黏合剂点，这样可以使面料与身体更加贴合，减少位移，增加稳固性。还有一些黏合衬的黏合剂点排列的比较稀疏，这样可以使衬里更加柔软、轻盈，以增加面料的灵活性。

针线缝制的非黏合衬里也分为两种。一种是横向纵向都加固的衬里，它的垂直线可以保证面料的高稳定性，而水平线则可以增加面料的灵活性。另一种是只有纵向加固的衬里，只是为了获得垂直线的稳定性。这两种衬里顺着纵横走向都会形成纹理，所以在裁剪时必须考虑这一点。

还有一些面料需要使用比较特殊的衬里，例如，皮革和毛皮对高温较敏感，因此，应该使用熔点较低的黏合衬。还有，如弹性面料、针织面料，应该使用针织衬里，可以在任意方向进行加固。这种衬里也适用于非常松散的针织面料，可以使面料保持较高的柔软度和灵活性。

图7.9　不同种类的黏合衬样品

## 非黏合衬里

用针线缝制的非黏合衬里完全可以与黏合衬媲美。为了达到更好的服装效果，一些服装面料还会使用平纹细布、欧根纱、蝉翼纱和硬衬等材料作为衬垫。例如，真丝面料制成的晚装长裙往往使用真丝欧根纱做垫层，这样裙子的效果会更好，因为这样可以增加裙子的支撑性并保持裙子的造型。同样，在冬天穿着的外套的表层面料与衬里之间再增加一层疏松的羊毛或棉质布料，则可大大增加服装的保暖性。

在普通衬衫上，广泛使用衬里来支撑衣领、袖头、门襟等特殊部位。在裤子及裙子上，通常在腰头、贴边、袋口、拉链门襟以及底边等处都会使用衬里进行加固。同样，夹克和外套的衣领、翻领、贴边、袋口、扣位、背衩和底边等处也使用衬里来进行支撑加固。

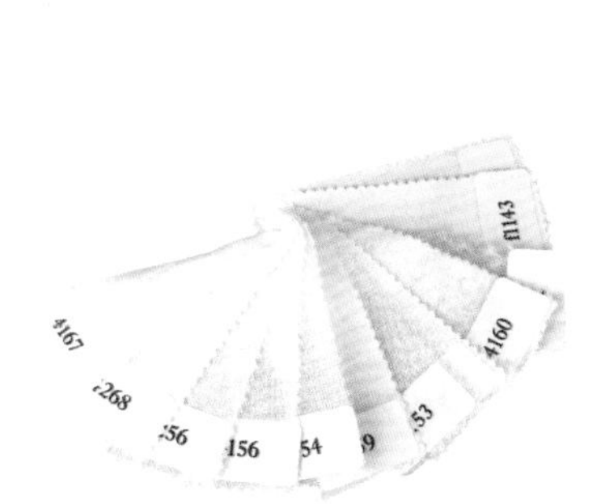


图7.10 不同种类的非黏合衬里样品

图7.11 通过黏合衬获得更好的支撑性、合体性和造型感的外套

图7.12 通过黏合衬获得更好的支撑性、合体性和造型感的外套

## 帆布衬

帆布衬是另一种类型的衬里，可以用于服装衬里、贴边和表层面料之间，用以更加凸显人的身材体型，也可以使服装长时间地保持原有造型。帆布衬是由羊毛线、马毛线或黏胶丝混纺而成的。如果是用于支撑加固服装的口袋，一般使用亚麻帆布衬或者亚麻毛帆布衬，这样的袋口支撑度更强、更牢固，可以永久保持不变形。

帆布衬是普通款式的上衣和外套经常使用的衬里，这样可以使上衣更好的保持自身的造型（而不是随着穿着者的身体产生拉伸而变形）。使用帆布衬，可以起到控制、固定服装面料的作用，以减少面料起皱、拉伸，使服装变形。

此外，帆布衬也一直用于紧身胸衣和衬裙上。

图7.13　上衣内侧，帆布衬被用于胸部及肩膀处

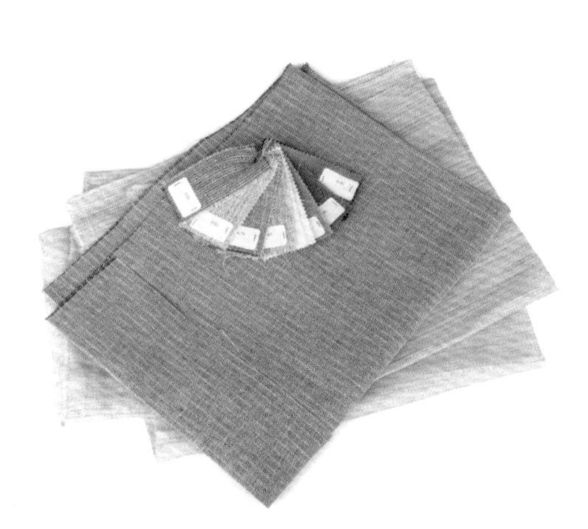

图7.14　帆布衬样品

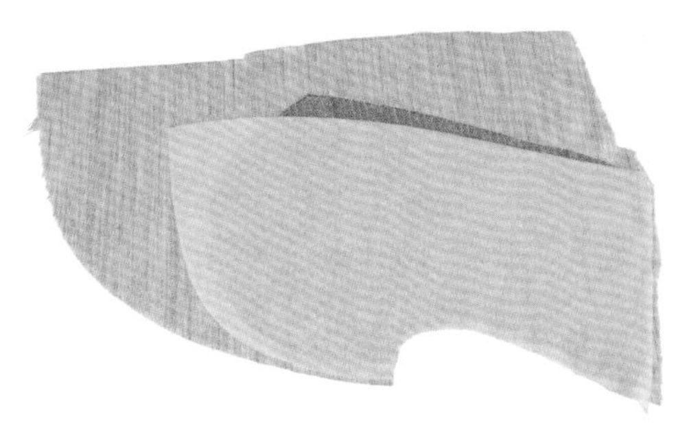

图7.15　预加工的帆布衬片

# 紧身胸衣

胸衣（corset）是一种贴身的紧身上衣，一般由骨架支撑固定。紧身胸衣的作用是塑造形体，呈现时尚的服装廓型。“corset”一词是从17、18世纪开始使用的，但19世纪的时候变得更加普遍，并取代了“corps”这个词。随着时间的推移，紧身胸衣将主要被用于控制和塑造身体的三个主要区域：胸部、腰部和臀部。紧身胸衣塑造出的人的体型并非自然状态，因此，给人造成了一种错觉。

图7.16　20世纪40~50年代带有腰部支撑的胸衣

图7.17　20世纪40~50年代带有腰部支撑的胸衣

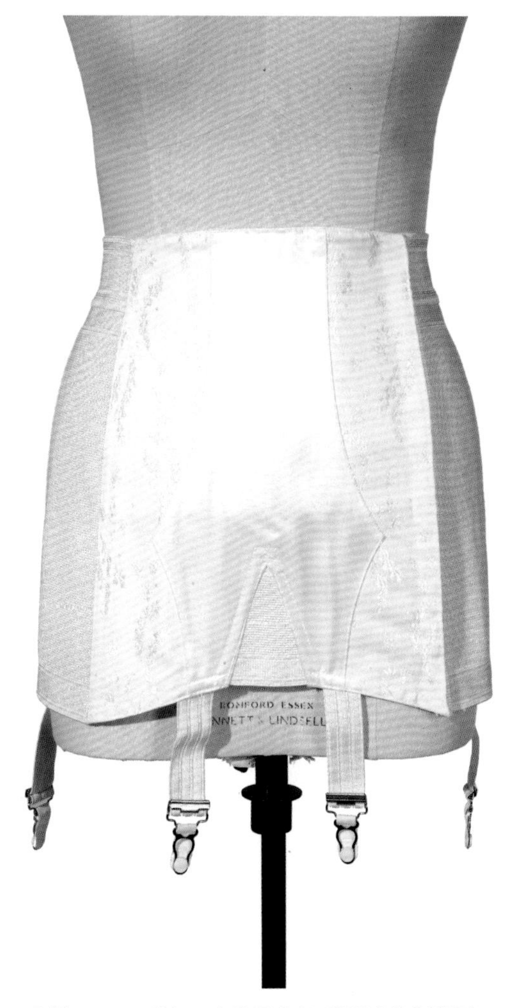

图7.18　20世纪30年代用弹力面料制成的支撑腰部到臀部的束腹带

## *鱼骨*

鱼骨最初是由鲸鱼的骨头制成，用于支撑内衣，如胸衣。时至今日，我们可以采用的材料主要有两种：一种是金属鱼骨，另一种是塑料鱼骨。英国鱼骨（Rigilene）是一种特殊类型的塑料骨架，由超细涤纶棒制成。

金属鱼骨要借助使用套管。在将金属鱼骨滑进套管后，套管就包覆住了鱼骨。而塑料鱼骨可以缝制在已有的胸衣上，且只需要覆盖切割线。

根据紧身胸衣的不同风格，可以从臀部到腰部以及在胸部周围放置鱼骨来支撑胸衣。鱼骨既可以直接缝制在外层面料的内侧，达到设计师的设计效果，也可以将其缝制到紧身胸衣上。

**图7.19 传统和现代的鱼骨材料**
**ⓐ英国鱼骨**
**ⓑ金属鱼骨**
**ⓒ塑料鱼骨**

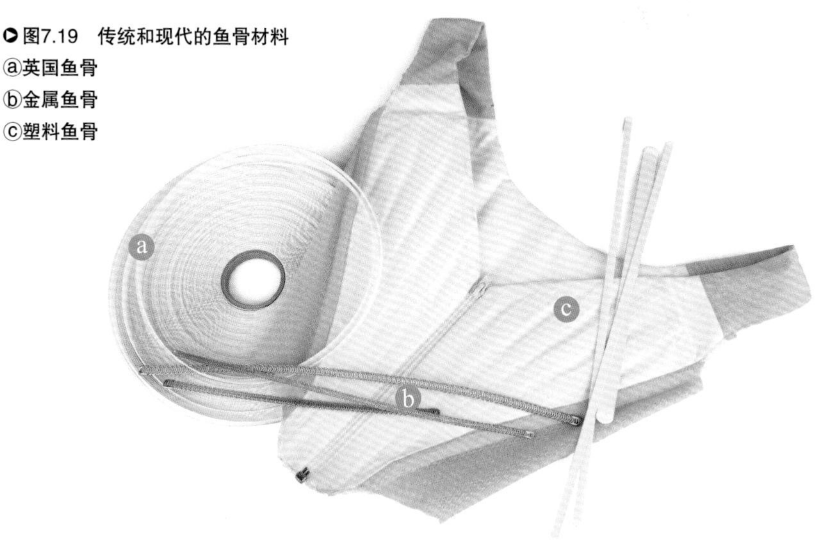


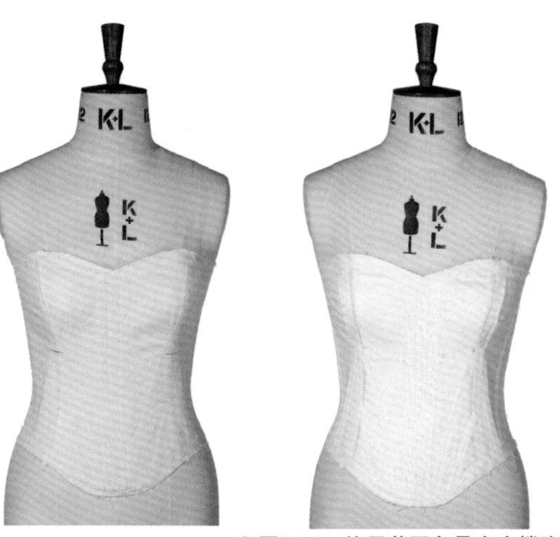


**图7.20 使用英国鱼骨来支撑胸部、腰部和腹部的紧身胸衣**

**图7.21 使用英国鱼骨来支撑胸部、腰部和腹部的紧身胸衣**

## 构成紧身胸衣的材料

斜纹棉布和人字斜纹布都是灵活性很强的天然材料。斜纹织法是一种强度较高的编织技术，因此，采用这种织法织造的织物非常适合作为紧身胸衣的基础结构。这也为鱼骨起到了基础支撑的作用。

网状面料是一种由合成纤维制成的可拉伸的针织面料，这为面料提供了更好的弹性。

帆布衬是一种非常重要的面料，由羊毛线、马毛线或者黏胶长丝混纺而成。它也可以用于紧身胸衣的制作上，这种面料的控制能力很强，能够有效减少面料起皱和拉伸引起的变形。

衬里/黏合衬是一种机织布料或非织造布料，可以被熨烫，也可以被缝制在一起，以支撑和填充面料，也可以作为制作紧身胸衣的基础结构。

起绒棉布是一种轻薄的纯棉面料，是在面料的一侧进行了起绒的特殊处理，以达到柔软和缓冲的效果。它常常被用于紧身胸衣的鱼骨和外层面料之间，可以有效防止鱼骨穿透面料。

当外层面料自身的结构不够结实时，需要使用额外的支撑材料。如平纹细布、欧根纱和蝉翼纱等，这些材料都可以用来为紧身胸衣提供支撑。支撑材料必须通过缝制(需要沿着面料边缘手工进行中等宽度的缝制)与其他面料缝合在一起，这样才能成为一个整体。

衬里是一种非常薄的面料，一般由丝绸、黏胶纤维或合成纤维制成。使用它的目的在于保护皮肤免受鱼骨的伤害并使胸衣的内侧变得平整，这样，一件高品质的成品紧身胸衣就诞生了。

紧身胸衣可以使用系带、钩眼扣和拉链等扣合件来扣合胸衣。

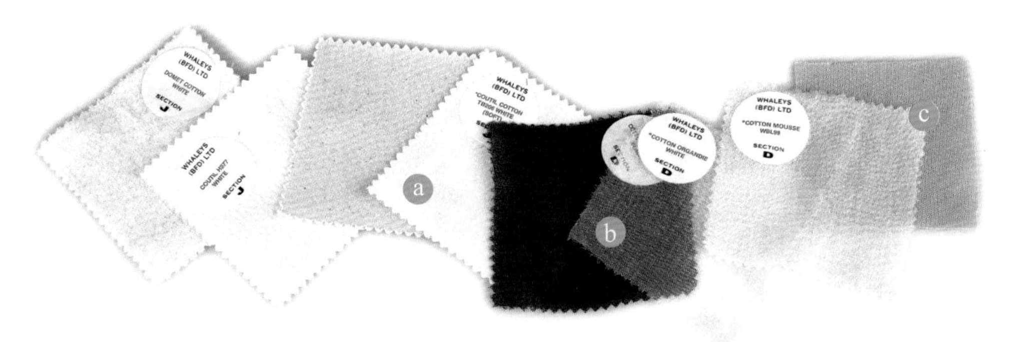


图7.22　可供选择的紧身胸衣材料
ⓐ棉斜纹布
ⓑ欧根纱
ⓒ弹性针织网纱

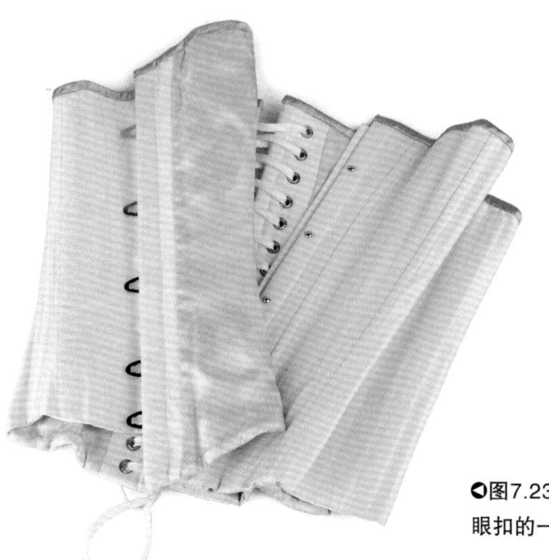

图7.23　背部由蕾丝衔接固定，前中部有钩眼扣的一片式无肩带紧身胸衣

图7.24　由鱼骨、弹性针织网纱和内带以及拉链和吊带下面钩眼扣构成的紧身胸衣内部基础结构

图7.25　维维安·韦斯特伍德（Vivienne Westwood）设计的黑色天鹅绒紧身胸衣的内侧，其中前中部和后中部都有鱼骨支撑，采用了弹性针织网纱作为胸衣的侧片，并使用了肩带和拉链扣合

# 增加服装的体量

增加服装的体量意味着通过改变服装的尺寸来形成更大的服装廓型。体量的增大可以通过车缝、省道、抽碎褶、褶裥和悬垂等方式来实现，也可以通过增加服装扇形圆摆的幅度来实现。毫无疑问，选择合适的服装面料也能增加服装的体量。

## 立体裁剪增加体量

立体裁剪技术可以用来增加服装的体量，同时使服装的外观看起来非常柔软。立体裁剪的方法就是让多余的面料从一个定位点或两个、多个定位点之间垂下。斗篷式的裁剪是一种相对比较容易控制的裁剪方法，适用于无袖上衣、袖子或裙子的制作。还可以使用不规则和不受限制的裁剪方法以增加服装的体量。但这些都得在人体模型上完成，绝不是平面裁剪可以实现的。

## 扇形裁剪增加体量

一件扇形服装要求在人体的某一部位上非常合身，如腰部。这种服装从上至下逐渐变宽，直到裙子的底边。服装上的扇形部分通常是非常松散、飘逸的，这种效果并非是通过褶裥或抽碎褶对面料进行控制而形成的。增加服装上扇形圆摆的这种方法可以通过缩减、放宽、简单地在接缝处（如服装的侧缝处）增加扇形圆摆，或者直接采用去掉省道（如腰部省道）的方法给服装增加体量。

## 通过面料增加体量

使用合适的面料来进行服装设计十分重要，因为这样才能使服装摆脱人们自身身材的影响。如果想要服装通过悬垂、抽碎褶或褶裥等办法达到更大的体量，那么就需要耗费更多的面料。还有，如果是通过服装裁剪和结构来增加体量，如通过特殊的造型，那么对面料重量、质地和厚度的准确把握必不可少。

图7.26　麦奎思·奥美达（Marques’ Almeida），2016春夏服装系列

## 用嵌片增加体量

分割线和省道不仅仅可以用来按照人体体型进行贴身的服装裁剪，而且还可以用来使服装向人体外侧扩展。通过在服装的分割线处添加额外的布块，就可以使服装获得更大的体量，例如，嵌片。

传统上的嵌片是三角形的，被固定在分割线或裁剪线上。嵌片能够给服装带来额外的饱满度，当然也就增加了服装的设计感。其实，嵌片的形状也是不同的，它既可以是尖的、圆的，甚至也可以是顶部正方形的，这样可以构成半圆、四分之三圆或全圆的形状。

嵌片常用于裙子上，但也可以添加到袖子、裤脚、胸衣等部位上。

当缝制三角形嵌片时，要特别注意嵌片的顶点。如果缝份不足，会出现顶点部位容易撕裂、磨损的情况。因此，最好在缝制嵌片前，用衬里加固顶点。要想顺利地缝制到尖顶部，首先应该从嵌片一侧的底边到顶点进行缝制，然后将其从缝纫机中取出，再从另一侧进行缝制，还是从底边到顶点的顺序。最好，在缝制成品服装前，先在一块样布上试缝一下。

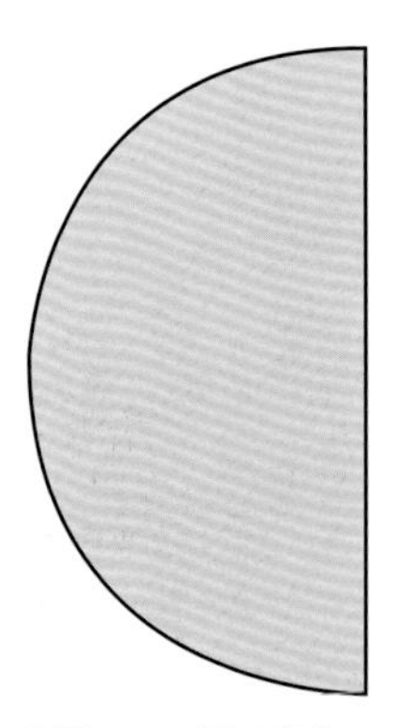

图7.27 圆形嵌片

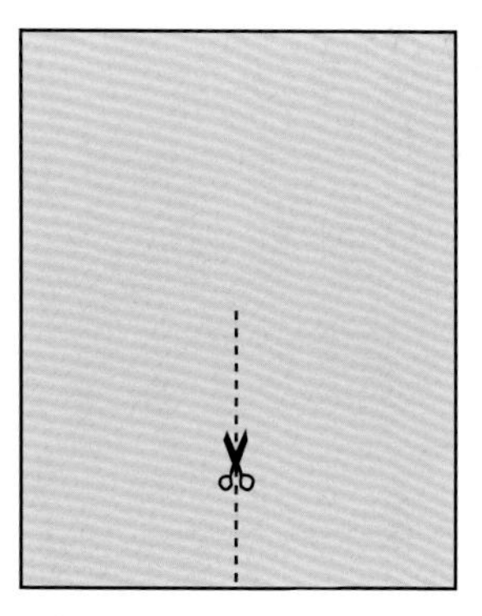

图7.28 服装上的裁剪线

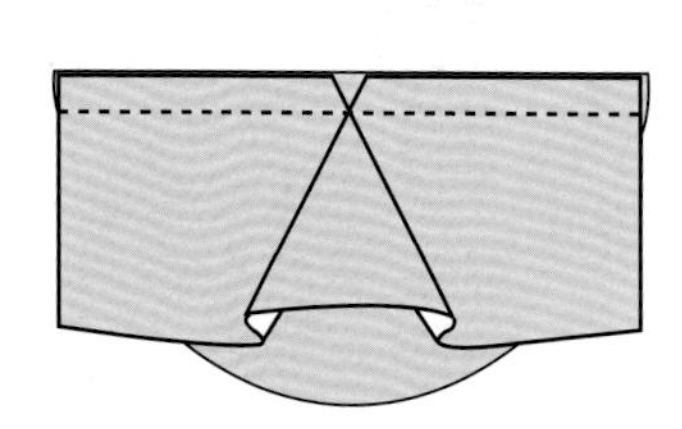

图7.29 嵌入三角形嵌片时，要加固裁剪线

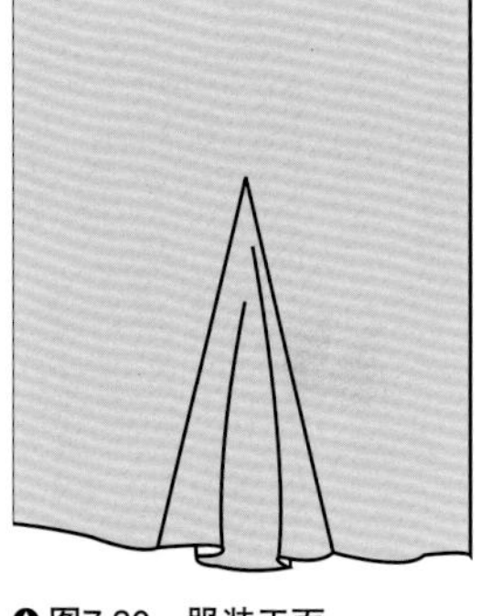

图7.30 服装正面

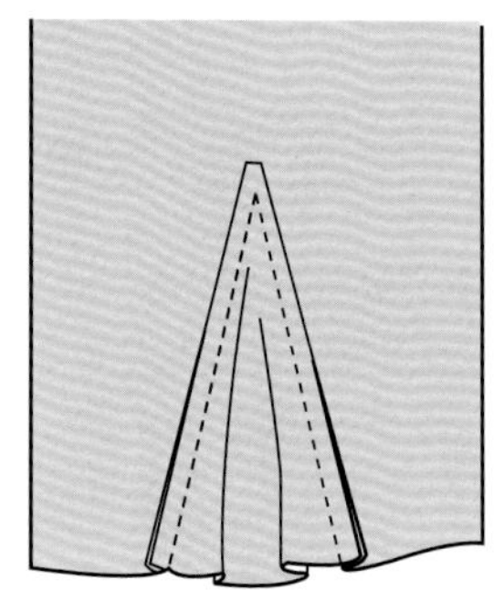

图7.31 服装反面

## 用三角嵌片增加体量

多片裙和嵌片裙是两款造型十分相似的裙子，除了它们使用了不同的嵌入方法。多片裙的下摆比较宽大，但腰部非常合体。多片裙可以有四片，在裙子的两边侧面、前中和后中部有接缝，有的裙子还可以多达24片。根据设计师想要达到的视觉效果，每片裙片的间隔可以是平均的，也可以是随意的。多片裙既可以是直接从臀部下垂，也可以从臀部以下的任意位置下垂，其裙边可以是扇形的、缩褶的，也可以是不平整的。

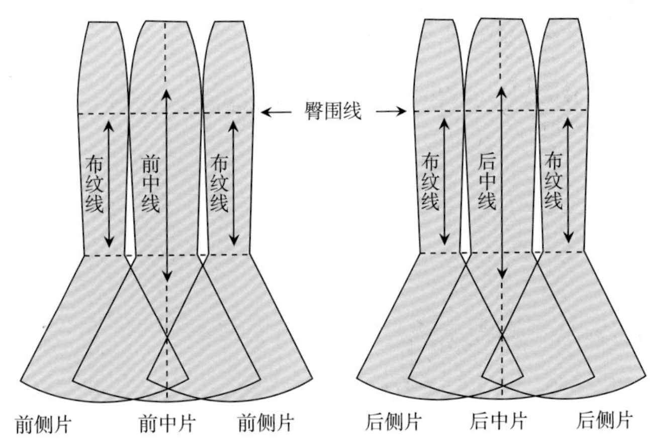


图7.32 六片裙的裁剪纸样

图7.33 玛切萨，2016春夏服装系列

## 通过抽碎褶和褶裥增加体量

抽碎褶处理是增加服装体量的一个很好的方法。

- 将要进行抽碎褶处理的面料边缘放在缝纫机上，将针脚长度改为最大（4~5mm）。
- 从面料的边缘5~7mm处开始沿着抽碎褶线从头至尾进行车缝，在第一道车缝线下几毫米处车缝第二道线。
- 从两道车缝线顶端取线，然后抽拉。
- 拉线时，面料会皱缩，形成碎褶。抽碎褶可以是等距的，也可以是不规则的，这取决于服装的不同设计。

褶裥，像抽碎褶一样，可以临时增加服装的体量。褶裥是对面料进行打裥处理，面料保持打裥后的形状并沿着缝接好的缝线垂直向下。褶裥可以通过熨烫压平，也可以使其保持自然状态。褶裥的形成取决于打裥的数量和打裥的深度。

图7.34　夏洛特·罗登（Charlotte Roden）的打裥实验

图7.35　夏洛特·罗登在棉质印染布上的打裥细节

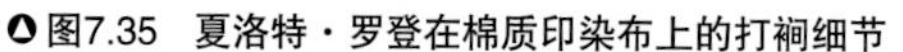

图7.36　川久保玲（Comme Des Garcons），2016秋冬服装系列

▲图7.37 普契尼（Puccini）设计的袖底缝处带有阳光褶的连衣裙

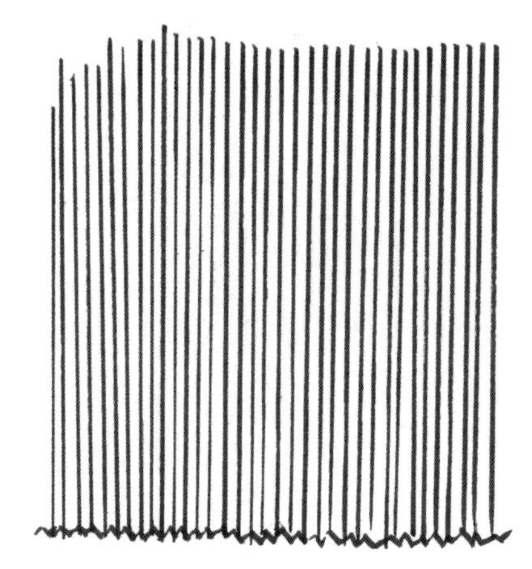

▲图7.38 水晶褶（明褶）

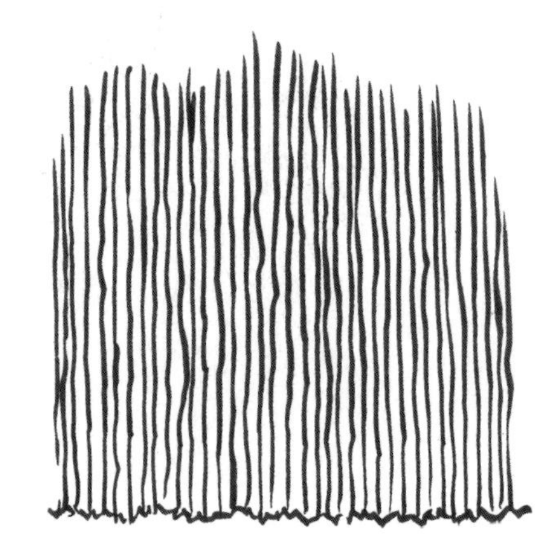

▲图7.39 树皮褶

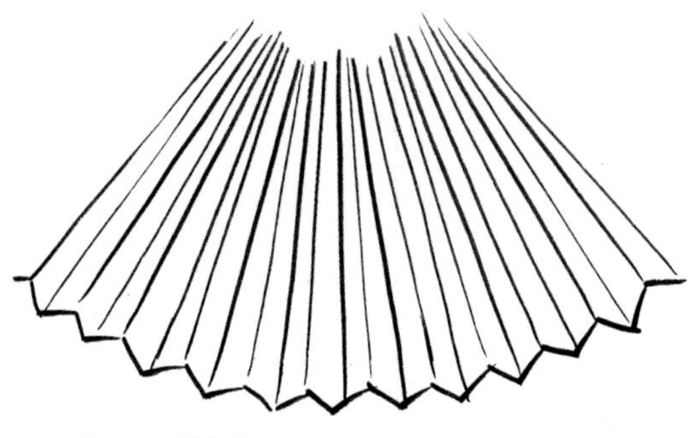

图7.40　阳光褶

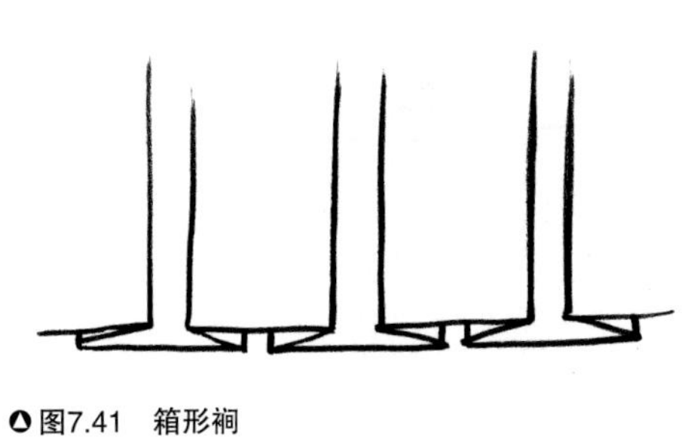

图7.41　箱形裥

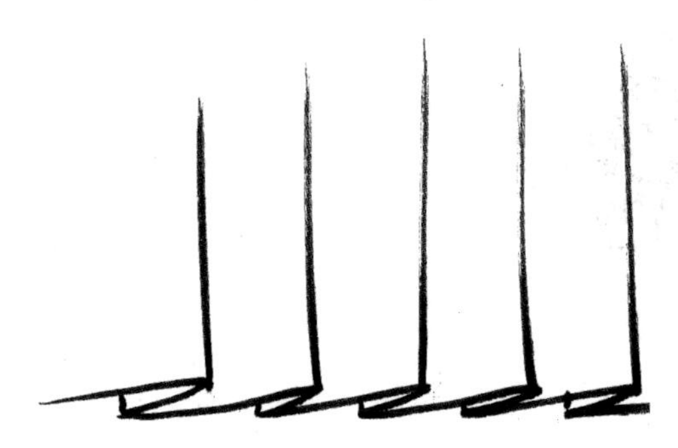

图7.42　平刀裥

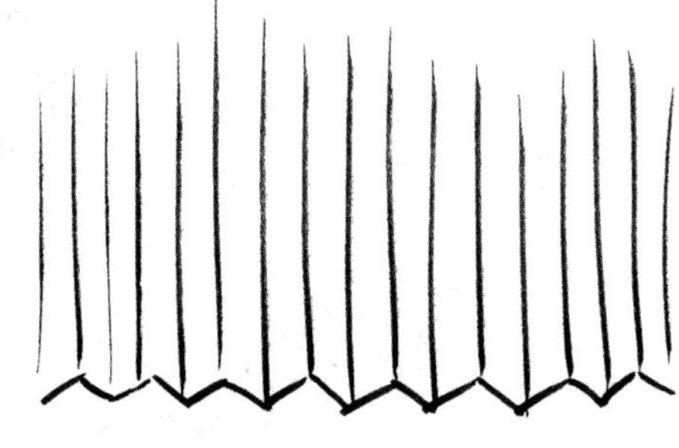

图7.43　风琴裥

## 从业者访谈

### 罗茜·阿姆斯特朗（Rosie Armstrong），讲师兼纸样裁剪师

罗茜是英国伦敦威斯敏斯特大学的一名高级讲师，也是一位经验丰富的纸样裁剪师，她是一名自由职业者，为精选的特定服装行业客户工作。罗茜曾在英国伦敦皇家艺术学院担任高级男装技师，在时装业有超过13年的从业经验，包括为亚历山大·麦昆（Alexander McQueen）制作展览服装，为汤米·希尔费格（Tommy Hilfiger）和托普曼(Topman)进行服装设计。

**你在哪里接受的专业训练?**

在中央圣马丁学院，我获得了我的一级针织时装设计荣誉学士学位；在皇家艺术学院，获得了针织时装设计硕士学位。我在中央圣马丁学院学习期间，为亚历山大·麦昆承担了一次时装秀的现场布置工作，从而在那里获得了一份女装创意裁剪师的工作，我当时的主要工作是制作复杂的秀场时装，这意味着我需要完成从设计纸样到制作服装的整个过程。与此同时，我还参加了曼彻斯特皇家交易所剧院服装部门和米索尼的针织品部门开设的传统定制西服的课程。在完成了皇家艺术学院的学业之后，我在阿姆斯特丹的汤米·希尔费格开始了我的服装设计工作，在那里我学会了如何进行服装的规模化生产，如何与生产商沟通以确保最终生产的服装是按照我的设计初衷进行的。我接受的这些训练和积累的工作经验都是无价之宝，为我教授的学生提供了进行服装设计的各种各样不同的设计方法和思路。

**你能具体描述一下你在服装设计工作中的角色吗?**

有六年的时间，我一直在皇家艺术学院担任高级男装技师。在担任这个职位时，我和学生们一起工作，帮助他们完成服装的3D设计。通过技术工作坊，在各种各样的辅助设施的支持下，我采用一对一辅导的方法，训练他们进行服装纸样剪裁和成衣制作，我会不断地给他们提一些建议，例如一些能够帮助他们设计出他们想要的服装贴合度、廓型以及成品整体外观效果的方法。我的动力就是想让我的学生们有足够的个人能力，使他们掌握服装设计的技巧和工具，能够独立地分析他们的设计，制作他们自己的服装纸样，并制作出他们自己的服装或者能够指导其他人把服装生产出来。

目前，我在威斯敏斯特大学担任时装助理讲师，并在众多私人客户和时装公司担任纸样裁剪师和裁缝师。

## 你怎样挑选服装面料呢？

在挑选服装面料时，对面料的测试和取样是非常重要的。通常我会买来一块适当尺寸的布料，用普通的缝纫机加工它，以测试它们是否可以使用或者是否需要运用新的工艺和新的机器。最关键的是，我要测试这块布料是否可以被清洗或熨烫，以及水、温度或蒸汽是否会改变它的外观或特性。我还会根据我的设计，进行试验性的车缝和细节处理，尝试使用不同的方法以便确定哪种方法是最好的。大量的试验可以让我清楚地知道不同的面料可能会带来服装合体度的改变，例如，我会搞明白哪种面料的质地比较硬挺或者比较厚重，或者哪种面料做出的服装会垂感较好或者缺乏灵活性，我也常常会询问那些有丰富面料使用经验的人，并从他们那里收集到一些有用的信息。我现在一直在学习，将来也会不断地学习。

## 你能解释一下什么是服装的合体度吗？

我不知道是否有所谓的“合适的合体度”一说。但是话虽如此，我认为还是有一些必不可少的标准的，例如，服装的穿着者应该有足够的空间能够举起手臂，能够舒服地穿上或者脱掉衣服，并能够自由地运动，胯部也需要有足够的空间。随着时间的推移，服装的合体度已经发生了很大的变化，而且还将继续变化。我想，我仍然认为合适的合体度就是用3D立体裁剪的方法将平面的服装设计转化为现实，从而创造出真正适合人们穿着的服装。

## 你认为学生在实现他们的设计时，会面临怎样的挑战？他们应该怎样克服这些困难呢？

我认为，清楚地知道从哪里开始着手是一件不容易的事。每一种设计都需要不同的方法，而且最难的是，能够在某些特定的情况下选择最佳的方法。一开始，学生们往往很难确定应该使用哪种服装面料，也很难决定是使用平面的纸样裁剪还是进行立体的纸样裁剪。实际上，在模特身上进行立体的服装设计是非常重要的，因为人和人体模型还是有巨大不同的，他们的一举一动、举手投足都会影响到服装的合体度。在试衣过程中，服装的合体度和廓型的改变会大大改变服装的平衡、张力和垂感，但是，对于学生而言，他们很难把握如何进行纸样的修改和纠正。要知道，服装的制作技术和加工过程都会极大地影响最终的服装成品。

但是，学生们可以尽可能多地从技术人员那里收集资料，找到如何完成任务的方法，这样他们就可以很好地完成这些挑战了。不断地制作各种各样的样衣也意味着他们可以在做出最终的服装之前发现问题。重要的是，他们必须真正审视自己的设计，并努力创造出他们所画的东西，而不是他们认为应该是的东西。在试衣时应该拍摄照片，并将它们按照一比一的比例打印出来，这样可以帮助他们仔细观察已经做成的东西，这将可以帮助他们把3D的立体设计与平面设计进行比较。

## 在进行服装设计创作时，你最喜欢什么？

我最喜欢把一个概念发展成一个想法，再把这个想法变成现实的过程，这令我十分享受。我特别喜欢接受挑战，然后努力想出最合适的解决方案。

## 是什么决定着一件衣服的成败呢？

从技术上说，成功的服装要很合身，穿着也应该很舒适，同时又要符合设计的理念。使用合适的面料以及与这款面料相匹配的贴边，还有加工这款面料的工艺都非常关键。最重要的是必须在创新和现实之间找到平衡点。还有，就是要关注一些关键的细节，因为正是这些细节使得服装真正发挥出可穿戴的功能，真正与穿着者联系在一起，这甚至可以让最极端的设计也变成非常时尚的东西。

## 对其他设计师有什么建议吗？

从技术角度来看，我认为准备工作是关键。只要服装的纸样足够好，所有的服装面料和所需使用的缝纫用品都准备妥当，所有的设计细节在服装制作之前都完善了，那么服装的制作过程就会十分顺利。总之，不要轻易开始，一定要准备充分。一定要尽可能地避免制作过程中出现变化，因为这将耗费大量的时间和金钱。虽然不一定要像一名专业的有丰富经验的技师那样充分了解服装的制作，但是设计师必须能够清楚地解释最终的服装成品应该是什么样子的。设计师提供的信息越多，那么服装的最终成品才越有可能如他所愿。

我的建议也无外乎是多花时间去学习，不断提高自身的能力，要学会分析将设计理念变为成功的成品。不断地制作样衣、裁剪、试穿，将会帮助设计师获得一种将想法与正在设计的东西进行充分比较的能力。

# 练习
## 酒会礼服裙

酒会礼服裙是现代人们衣橱中的必有服装款式。这种标志性的连衣裙具有优雅、易穿着的特点，在很多场合都很受欢迎。它通常被裁剪成膝盖以上的长度，且一般比较贴身，而且裙子的大小和体量也富有多种变化。

本章的练习是进行这种礼服裙的设计、纸样裁剪和缝制。你应该首先仔细研究这种礼服裙的服装风格，以及通过学习已经掌握了的适合制作这种裙子所需的工艺和方法。

图7.44　迪奥的“Amour”和“Musettle”连衣裙

设计时，应该包括以下内容：

- 省道的处理以及比较贴身的款式线条和一些细节处理
- 运用本章所学的对服装体量的处理方法
- 将面料进行组合，使裙子既美观又有助于整体廓型的设计

一旦有了想要实现的设计理念，就要开始考虑进行纸样裁剪。你可能想要从已经想好的部分开始，也可能想要在人体模型上进行立体裁剪。不管是采用哪种方式，都应该能让你现实自己的想法，让你感到有趣，让你能够仔细研究服装的比例和细节。

在实现你的设计时，还应该考虑以下几点：

- 裙子的哪些部分可能需要做支撑？你设计的裙子是否有紧身胸衣或衬里？
- 要仔细考虑面料的纹理。你设计的裙子是否有些部分要进行斜纹裁剪？要使用的面料是否有特殊的绒毛？
- 这条裙子是否使用了特殊面料，是否需要使用替代性的或者装饰性的分割线？
- 采用什么方式穿上这条裙子？
- 需要使用怎样的扣合件？

### *酒会礼服裙的设计技巧*

查阅一些过去和现在的参考资料会有助于设计。要确定设计的比例是合理的，还要提前考虑好裙子上一些更为精细的细节。要特别注意裙子的胸围、腰围和下摆长度的均衡。可以试一试改变腰线的位置，或者提高、降低裙子的底边，这样做可以使裙子增加亮点。

图7.45　玛丽·卡特兰佐（Mary Katrantzou）,2016春夏服装系列

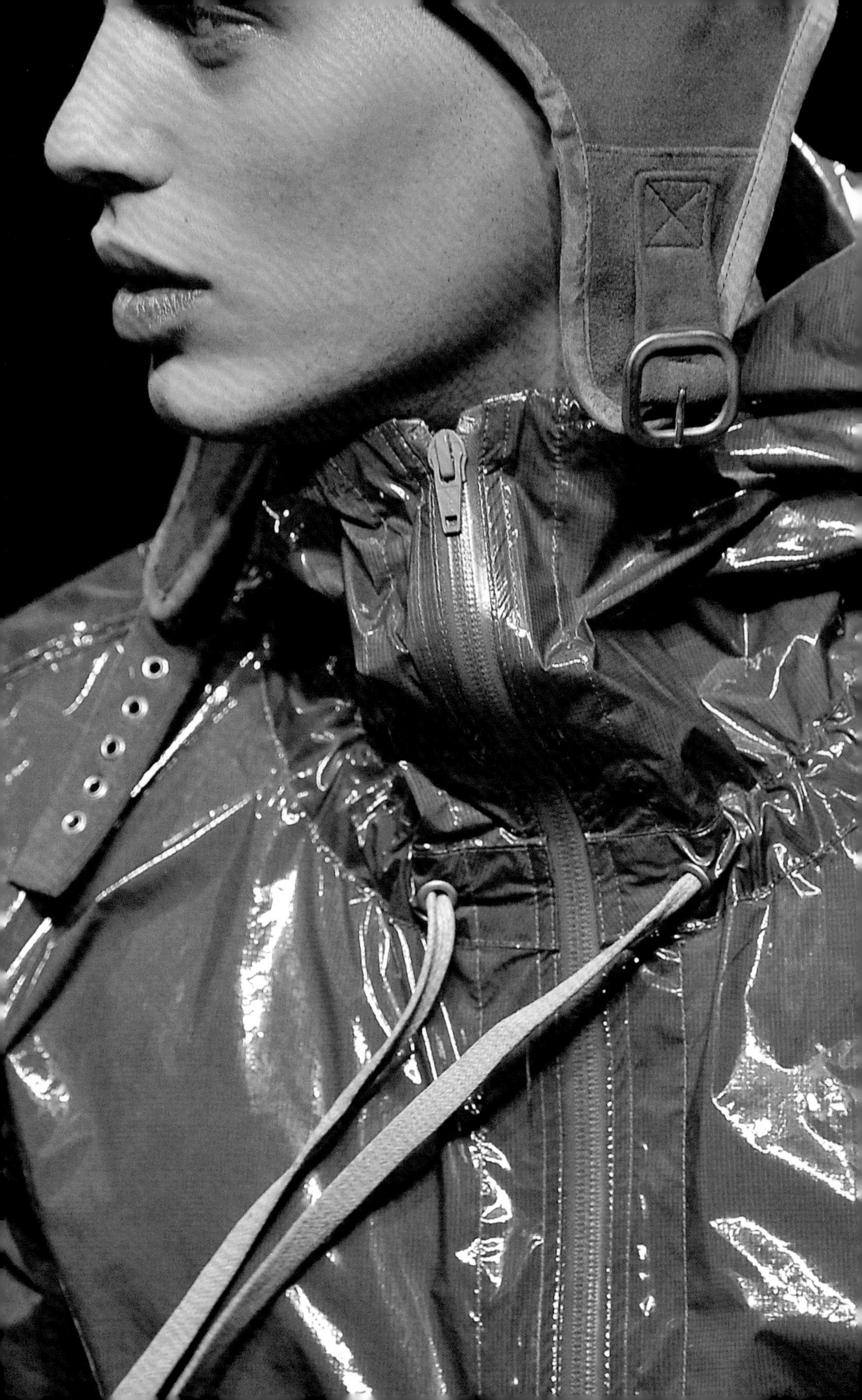

# Chapter 8

# 后期加工

本章将着眼于服装最后“画龙点睛”的程序。一件衣服可以通过贴边、系带或留有毛边的方法进行装饰，这取决于你想要呈现的服装效果。熟练掌握服装扣合件、衬里、面料的特性、传统制作工艺和特定面料的后期加工是非常必要的，因为后期加工带来的外观和感觉可以决定服装最终的成与败。一些设计师通过他们自己特有的后期加工技术让他们的作品拥有独特的效果，例如，李维斯（Levi's）独特的后袋车缝方法就成为了这个品牌的标志。

◀图8.1　YMC，2016春夏服装系列

# 衬里

衬里作为服装额外的一层，可以被添加到服装上用来实现各种不同的目的，例如，用来保持服装的造型，也可以用来保暖、增加设计感或是增加服装的舒适性。它还能够将所有服装内层的结构细节隐藏起来。衬里可以被缝制到服装的内层，可以是全衬里或者半衬里。它也可以做成可拆卸的样式，用内侧拉链或纽扣来固定。通常上衣、外套、裙子和裤子都会使用衬里。用于做衬里的面料多种多样，从丝绸、棉到毛皮等。

在进行服装设计时，服装的内部和外部同样重要。对服装细节的关注是最最关键的！

图8.2　泰德·贝克（Ted　Baker）的女式上衣内侧的后视图，可以看到为了增加穿着的舒适度在衬里后中部增加了褶裥

图8.3　泰德·贝克的女式上衣内侧的正视图，可以看到处理精良的后期加工。衬里和贴边是用粉红色的包边进行缝制的，内侧胸袋用一个粉红色三角形袋盖来遮盖纽扣（纽扣用来固定内袋），这样处理可以避免纽扣对服装造成的摩擦而导致破损

图8.4　泰德·贝克的男式上衣内侧的正视图。男式上衣要比女式上衣的内袋多。这件特别的上衣设计有一个专门装零钱的口袋，在上衣衬里和挂面之间的右侧靠下的部位有一个隐形拉链。它还有一个胸袋用于装钱包、一个口袋装手机以及另外的备用口袋

图8.5　泰德·贝克的女式长裤内侧视图，展示了从腰部到膝盖的半衬里

▲图8.6　约瑟夫（Joseph）设计的休闲外套

▲图8.7　约瑟夫的休闲外套的内侧。可以看到衣服的前片从肩部到胸部挂有半衬里，袖子的衬里是为了穿着的舒适性而设计的，这也使得穿脱外套时更加方便。前片的接缝和口袋接缝都采用了绲边处理，使服装更加干净、整齐

▲图8.8　约瑟夫的休闲外套的后部采用的是全衬里

▲图8.9　这条裙子的衬里底边是用蕾丝花边装饰的，这表现出对细节的高度关注

### *上衣衬里的纸样裁剪*

在大多数情况下，衬里的外形与服装相同。

- 在上衣纸样裁剪时，服装前片的贴边部分应该被转移到衬里的纸样上。
- 一些裁缝师会在上衣衬里袖窿中间处的前部增加一个小褶裥，以调节衬里口袋产生的拉力。
- 在衬里纸样的底边处增加1cm，并与服装底边缝合，这样可以形成一个褶裥使服装穿起来更加舒适。
- 袖山上的松余量应该被缝到袖子衬里的褶裥或者省道中，这是因为衬里的布料不能像服装表层面料那样，可以轻易地接到袖窿上。
- 衬里应该覆盖服装内侧大部分的缝份，所以要在衣身和袖子的侧缝处添加1cm的缝份。
- 在衬里纸样的后中部增加褶裥，这样可以大大提高服装穿着的舒适度。
- 有时，袖子的衬里会选用比较结实的布料(如机织斜纹布)，这是因为肘部周围一般会有大量的运动从而产生摩擦。

# 贴边

贴边是用来修饰服装上的毛边的。一般服装的边缘有造型，就采用贴边的办法来处理，如领口线部位。贴边要裁剪成与服装边缘线相同的形状进行车缝，并将其扣折到服装的内侧。贴边通常会使用在诸如领口线、无袖上衣的袖口处以及服装前片或后片的开口处或者底边等位置。通常贴边会使用与服装相同的面料进行裁剪，然后再将二者缝制到一起，但有时，贴边也可以采用与服装形成鲜明对比的面料或颜色。

图8.10 约瑟夫的连衣裙，重点展示领口和袖口处的贴边

图8.11 约瑟夫的连衣裙，在前片领口贴边中心处将聚拢部分处理成较小的省道

# 扣合件

扣合件是服装上的功能性部件，能够使服装保持闭合状态。它们既可以是被隐藏起来不被人看到的部件，也可以成为服装上的一个吸引人的焦点。扣合件多种多样，从纽扣、按扣、尼龙搭扣和磁力扣到钩眼扣和拉链，种类繁多，它的选择会极大地影响服装的风格，所以设计师有必要好好了解市场上的扣合件的种类，这样才能避免固化在自己一开始的想法上。

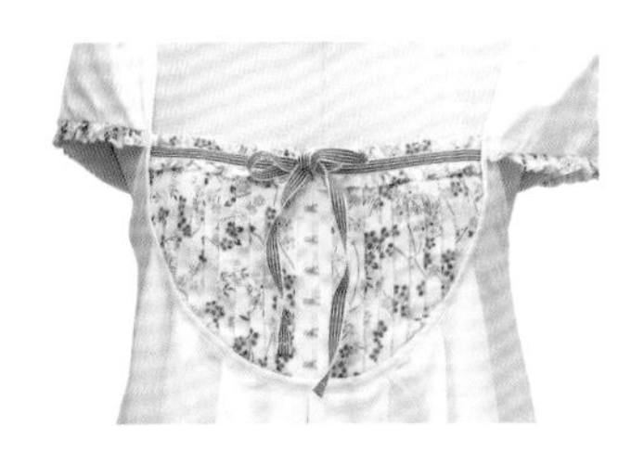

图8.12　杜嘉班纳的前中部使用钩眼纽扣带进行扣合的裙子

图8.13　领口部位使用钩眼扣的裙子。钩眼扣固定在拉链的末端，这样可以使领口保持在适当的位置

图8.14　杜嘉班纳的上衣和连衣裙。上衣的扣合件采用了大按扣

图8.15　泰德·贝克的真丝连衣裙。采用了纽襻和纽扣，左侧缝装一条隐形拉链

图8.16　雨果博斯（Hugo Boss）的真丝无袖上衣。前中部采用纽襻和包纽

图8.17　后中部装有隐形拉链的连衣裙

图8.18　泰德·贝克的印花上衣。领口采用手工缝制的抽带和装饰性缎带

图8.19　雨果博斯的上衣。前中部扣合件采用包边纽孔和包纽

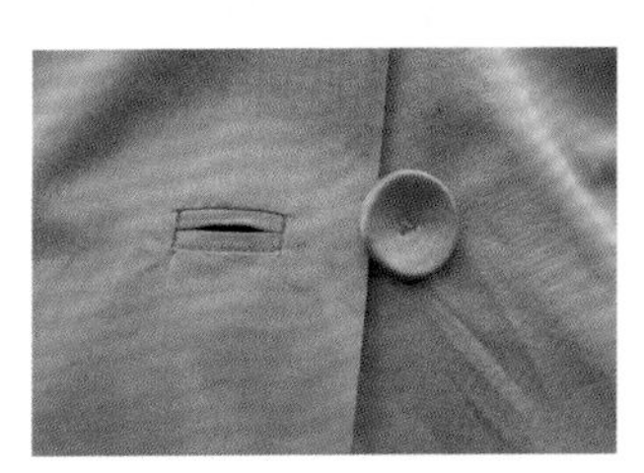

图8.20　包边纽孔的细节示意图

## *衬衫*

一般的普通衬衫都是采用小纽扣搭配纽孔来扣合的，当然，这些纽扣可以有不同的尺寸。门襟与可见的或隐形的纽孔配合使用。通常，衬衫的袖头也使用一个纽扣和纽孔扣合。

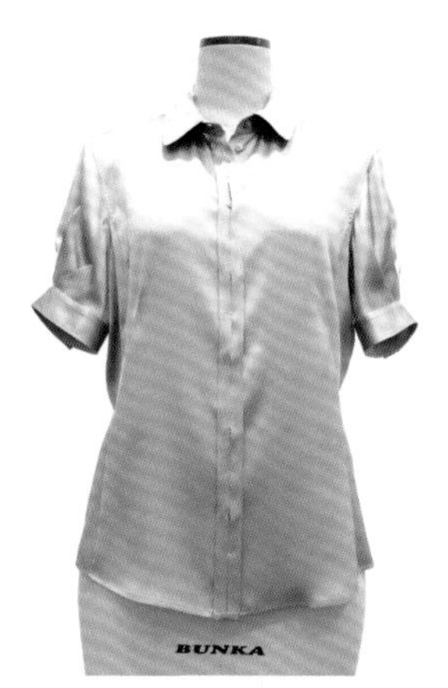


图8.21 采用隐形纽孔门襟的衬衫（1）

图8.22 采用隐形纽孔门襟的衬衫（2）

## *裤子*

如果裤子是休闲款式的，那么使用松紧腰带或腰部抽绳是再合适不过的。对于高级定制的裤子，可以使用带内衬的裤腰以及裤钩或者纽扣、纽孔等扣合件。裤子使用的拉链，一般置于前中或者侧缝处，要一直延伸至裤腰的位置，并从一侧覆盖另一侧。裤腰上通常配有串带襻，可以起到支撑腰带的作用。

图8.23 采用不同扣合件的裤子（1）

图8.24 采用不同扣合件的裤子（2）

图8.25 采用不同扣合件的裤子（3）

## 裙子

裙子的扣合件样式繁多。如果裙子上有腰头，那么在腰头底层上可以采用裙钩或者纽扣、纽孔使裙子闭合。裙子上的拉链 (通常至腰头处)将被缝在裙子开口处，可以是隐形的，也可以是一侧或两侧被面料遮盖的。

如果拉链一直延伸到腰围线顶端，可以采用一个较小的纽襻和纽扣进行扣合，或者在拉链的最顶端使用钩眼扣扣合，以确保拉链能够保持闭合状态。

裙子的腰部也可以使用弹性腰头或腰部抽绳进行扣合。如果想要设计出与众不同的外观效果，也可以采用围裹的门襟方式，即使裙子的一侧围裹着另一侧。

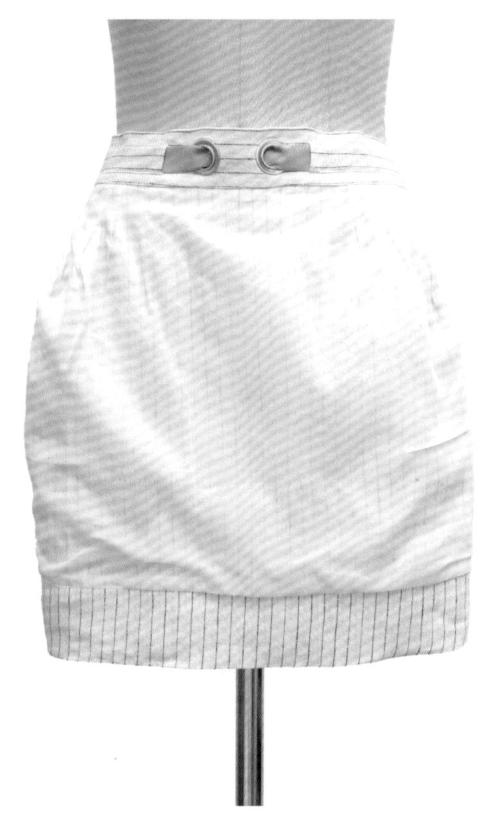

图8.26　裙子内侧完整的衬里

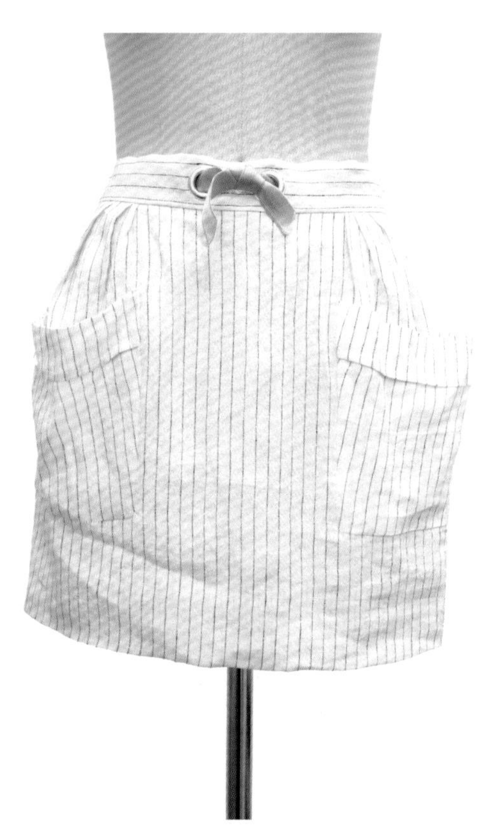

图8.27　采用腰部抽绳扣合的裙子

# 缝纫用品

纽扣、拉链、松紧带、饰纽和铆钉等服饰扣合件和饰物，只是无数服饰用品中的一部分。缝纫用品可以是功能性的和/或装饰性的，并将随着时尚的发展而不断变化。它们可以成就或者破坏一套服装，并且在很大程度上影响着服装的合体度。

①非缝制的五爪扣或按扣。

②裙钩，只能进行手工缝制。

③按扣或按扣的搭扣带，可以进行机器缝制。

④吊带夹子。

⑤五爪扣或按扣，只能进行手工缝制。

⑥皮带扣和扣环。

⑦背带夹。

⑧钩眼扣，只能进行手工缝制。

## *拉链*

选择合适的拉链是非常重要的。带金属链牙的拉链一般采用棉布带或者合成纤维布带上。这种拉链非常坚固，适用于中等偏厚重的面料。还有一种带有塑料链牙的树脂或尼龙拉链，这种拉链比较轻，一般采用编织布带。带有金属链牙或塑料链牙的开尾拉链均可用于外套和大衣上；而隐形塑料链牙的拉链能够比较容易地缝制在服装上。

## 纽扣与扣件

纽扣的材质多种多样，有玻璃的、塑料的、金属的、皮革的、珍珠母的或用布料包裹制成的。如果需要在有2~4个纽孔的服装上缝钉扁平纽扣，则一定要确保提前预留好纽脚线。这是因为，对于大多数面料来说，都需要给纽孔下面的位置预留足够的空间，这样面料才能在扣上纽扣时保持平整。扣件，如五爪钩和裙钩，都可以起到纽扣的作用。这里只是提到了各种各样扣件的一部分。

⑨预加工的盘扣，一个是中式盘扣，另一个带有钩环。

⑩装饰性的拉链头。

⑪钩眼扣带，可以使用机器进行缝制。

⑫用布料包裹的基础带扣。

⑬缝钉在皮革大衣上的挂襻。

⑭用于裙子和裤子上的非缝制钩环扣。

⑮可供选择的拉链。

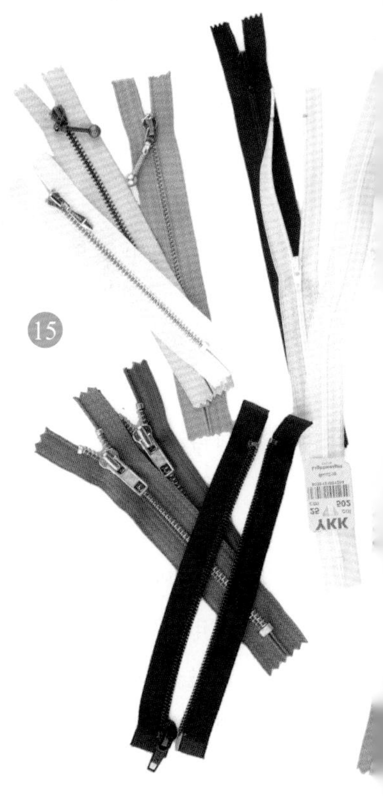

## 装饰品和花边

像珠子、亮片、玫瑰花、蝴蝶结和花边之类的装饰品总是流行一段时间就会过时，但之后又会流行起来。把握住这种平衡和节奏并不容易，有时你得懂得少就是多。

**现成的装饰品**可以采用手工缝制或者机器缝制的方法，将其固定在衣服上。很多装饰品如果用于儿童服装上，总是会带来极大的趣味性。

服装后期加工所使用的各种类型的成品花边都可以在缝纫用品商店里找到。有些花边是有弹性的，可用于内衣和泳装上或用于休闲装的腰头和袖口处。其他没有弹性的花边，还包括彼得沙姆棱条丝带、机织提花带、丝织带和绲边等。

**蕾丝花边**既可以露在服装外面，也可以使用在外衣的里层，如内衣。蕾丝花边可以用不同的方式制作。

**刺绣**可以用来装饰服装。刺绣的确非常耗费时间，但又物有所值。为了降低成本，许多服装设计师会在国外进行刺绣的工作。市场上有各种各样的可用于刺绣的材料，如珠子、亮片、珍珠和管状珠等，但是，请不要忘记你独具的慧眼可能会帮助你找到更多其他的材料，同样可以通过刺绣点缀在服装上。

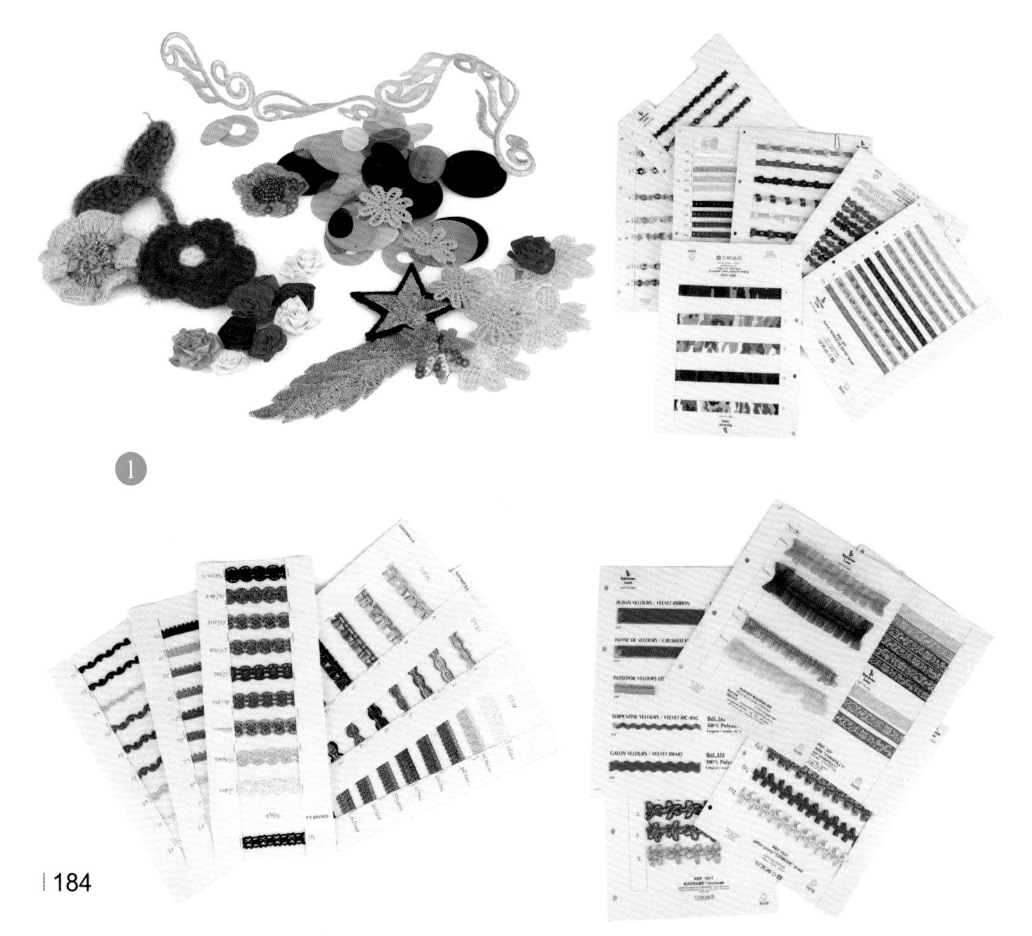

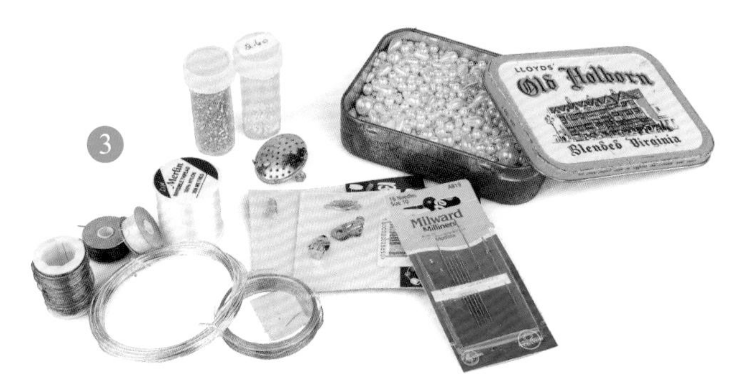


①各种各样的装饰品和花边，以备使用。

②不同大小的管状珠、亮片、珍珠和珠子。

③一盒珠子，还有尼龙线和金属线，都是用于穿珠子的。刺绣时，用针尖穿过珠子上的孔，将这些珠子缝制到衣服上。

④内衣用的弹性蕾丝花边。

⑤饰珠蕾丝花边，其边缘饰有纤细的蕾丝边和珍珠饰品。

⑥网纹花边，其底层是网状织物。

⑦钩编花边或马德拉刺绣花边，这是一种透孔织物，可以在织物的一侧或两侧刺绣棉质的花边。

## 从业者访谈

### 希拉·麦凯恩-韦德（Sheila McKain-Waid），拉恩（Laa-in）品牌创始人/耶格（Jaeger）创意总监

希拉是一位女装设计师，也是运动服装品牌拉恩的创始人，耶格品牌的创意总监，她负责管理设计团队，领导女装和配饰设计，以及负责品牌的所有创意和视觉效果。希拉以前是唐纳·卡兰(Donna Karan)的顾问，后来先后在摩根勒菲(Morgane Le Fay)、哈尔森(Halson)和奥斯卡·德拉伦塔(Oscar de la Renta)担任高级设计师。在耶格任职之前，她还曾是达克斯公司(Daks)的设计主管。

**你在哪里接受专业训练的？**

我首先在美国的堪萨斯大学学习纺织品设计，然后在纽约时装学院学习时装设计。

**你的研究方法是什么？**

在耶格，我的服装设计研究总是从旅途中开始。我喜欢带着我的设计团队离开办公室，这样我们就可以理清思路，并有机会把所有的注意力都集中在吸收新的想法上。我们总是参观博物馆、古董市场和艺术画廊等。

对于拉恩，在个人层面上来说，我的设计通常是从艺术开始的。我会花几天的时间看各种服装展览或者待在维多利亚和阿尔伯特博物馆的图书馆里。我和我的生意伙伴塔玛拉(Tamara)也喜欢在卡姆登市场中到处看看那些很棒、很出色的旧款运动服装，我还发现社交媒体也对我的服装设计研究起到越来越重要的作用。我们会通过Instagram和Pinterest软件分享许多照片，并将我们的想法建立了数字档案。设计开始的时候，我总是会有三四个想法，然后通过对它们的认真研究，将我的注意力范围逐渐缩小，找到焦点。

在这个过程中，服装面料十分重要，我认为面料经常会影响到服装的最终结果，故而我热衷于去看每一季的法国第一视觉面料博览会。

**在你的设计里，服装的制作过程重要吗？**

对我的服装设计来说，制作过程无比重要。例如，仅仅将袖子的形状改变一点点就能极大地改变整个服装的外观效果。在耶格，我们要注意服装廓型、比例和体量的平衡，而在拉恩，重点则是服装的功能性和线条。

## 服装制作的流程很重要吗?

整个流程都非常重要。从服装面料的结构到它被裁剪的方法，再到最后的加工装饰和贴边，这个过程中间充满了变数。我经常发现我最好的设计总是在服装的制作过程中产生的。我记得我有一个服装系列就是围绕我发现的圆形拉链而设计的。

## 你的服装设计会经常用到3D立体裁剪的方法吗?

我的服装设计总是从粗糙的设计草图开始的，但是我很清楚，纸上的平面设计和在人体上的立体设计是完全不同的。我认为第一次的样衣试穿是至关重要的，这就有点像雕塑一样：任何服装的第一次制作都只是一个开始，一旦将它试穿在模特身上，你才会真正地、认真地思考自己的想法。在拉恩，我越来越多的考虑服装的功能性。尤其是当服装是为了完成高强度的体育运动时，上面的分割线、口袋的位置就会起到一种完全不同的重要作用。

## 你是怎样完成服装的后期加工的?

我通常会找来一块面料试着进行加工处理，有时，我们会花上好几天的工夫，就是为了看看这些加工的结果会给服装的细节带来怎样的影响。最近，我一直在尝试复制一些我们在运动服装上使用过的加工方法，将它们运用到成衣制作上。这个领域充满了创新，当把这样的加工方法运用到成衣制作上时，就会使服装产生非常时尚的感觉。

## 你对其他设计师有什么建议吗?

多年来，我发现我们不必在一个想法上太过执着。否则，就会阻碍制作过程中出现其他新的想法。要让自己去玩耍，别害怕沿着自己的方向前进。

## 练习

## 探寻缝纫用品

- 收集不同的拉链装饰物的样品。尝试缝制一条隐形拉链，将裤子拉链缝制在暗门襟处和外露拉链作为服装的细节。
- 找一些你感兴趣的花边，尝试进行手工缝纫和机器缝纫。试验一下如何将花边缝制在服装上或接缝上。
- 练习手工缝制亮片、珠子以及其他饰物，并尝试刺绣。

**尝试进行贴边和衬里的处理**

- 设计一款需要贴边和衬里的简单服装并裁剪纸样，可以是裙子、外套或者大衣。
- 将贴边绘制到纸样上，并检查其放置和所需支撑的位置。分析贴边所处的具体位置以及它们是否与衣服相匹配。例如，如果是在衣服的直边上，底边的贴边是否能够折叠向上？贴边是否需要衬里以获得额外的支撑？
- 确定了贴边位置的草图后，要为服装其余部分的衬里进行草图设计。切记，衬里只是衣服的补充部分，你的设计目标应该是干净、整齐的服装内层。如果需要，在衬里上增加额外的褶裥或围长以获得较好的穿着舒适性。
- 然后，用选好的面料裁剪出服装的表层，再用同样的面料制作贴边(可以采用黏合的方法)并选择合适的衬里面料。缝纫时，要注意缝制的顺序；并且需要在服装的衬里上留下一段开口暂时不缝合，以便在所有部分被缝合时，可以调整整个服装。这个开口通常是在某个特意选择的部位，如在袖子衬里的边缘处。
- 最后，把整件衣服翻过来，采用手工缝纫或缝纫机把这个开口缝合好，再用熨斗或蒸汽熨烫处理，并进行检查。

# 结论

本书涉及了服装制作过程中的所有重要领域，从具有挑战性的纸样裁剪技术开始，延伸到高级定制时装、定制西服和用工业方法制造服装等专业领域。同时还向大家介绍了利用人体模型进行立体裁剪的方法，并详细阐述了裁剪过程中能够使用到的各种工具和技术。我希望这些信息可以唤起大家的兴趣，使大家能够在平面设计和人体模型立体设计上大胆尝试一些令人兴奋的、新的服装造型。

如果想要使自己的服装制作技术不断提高，还应该准备一个样品箱，用来收集各种样品，如衬布、垫肩、带子等。一定要在样品上贴上标签，这样你才能清楚地知道你是在哪家商店里找到的。这将非常有用，从长远来看，也可以节省设计时间，不用四处跑。

最后，希望这本书能使大家对服装制作有更大的兴趣，并能引导、鼓励大家开始自己的调查研究。不过，请记住一件事：要先学习基础知识，然后开始实践。要时常问自己，你在做什么以及你为什么要这么做。

**From Anette:**

A big thank you to everyone who shared their knowledge, talent and time with me; the students of University College for the Creative Arts at Epsom; the students of Middlesex University; and the fashion team at Epsom, in particular Moira Owusu, Valentina Elizabeth and John Maclachlan.

Thank you to Peter Close for your help and advice and to Hannah Jordan for your technical drawings. Thank you also to Gary Kaye for your delightful illustrations, and the talented photographer James Stevens.

"Vielen Dank" Elena Logara-Pantel and Richard Sorger for your help and for being there for me. I would also like to thank the directors of Robert Ashworth Clothing for Men and Women in Reigate, Surrey; Elizabeth Long and Richard Clews for allowing the use of their collection for a photo shoot.

A big thank you to Martin Edwards, Robert James Curry, Tim Williams, Marios Schwab, Gemma Ainsworth, Linda Gorbeck, Peter Pilotto, Helen Manley, Clover Stones, Courtney McWilliams, Edina Ozary, Laurel Robinson, Chloe Belle Rees, Karin Gardkvist, Andrew Baker, Adrien Perry Roberts, Calum Mackenzie, Robert Nicolaas de Niet and Vincenza Galati.

Liebe Mama und Papa, danke dass Ihr mich bei meinem Treiben immer unterstuetzt habt. Ohne euch waere das alles nicht moeglich gawesen. Ich hab euch lieb.

**From Kiran:**

Thank you to those who helped with their expertise, advice and beautiful work; the fashion team and students at Middlesex University, without whom this wouldn't be possible.

A particular special thanks to Richard Sorger, for your guidance and helpful words throughout.

Martine Rose and Lily Parker, thank you for everything.

A huge thank you to Thomas Tait, Rosie Armstrong, Sheila McKain-Waid, Robert Curry, Stuart McMillan, Izumi Harada, and Sharon Stokes and the team at Rapha. Your amazing and inspiring words are invaluable.

Mum, Dad, Pratima, Neesha, Pete and Nan. Thank you for being my rock. I love you all.

Lastly, my beautiful Spencer. I don't know where I would be without your unconditional love and support. Thanks for being there for me, always.

Andrew Baker
Illustrations 1, 2, 3, 4 (p. 68)

Antoine Antoniol/Bloomberg via Getty Images
2.53

Antonio de Moraes Barros Filho/FilmMagic/Getty Images
3.23, 7.2, 7.33

Antonio de Moraes Barros Filho/WireImage/Getty Images
2.23, 4.23

Ben A. Pruchnie/Getty Images
2.11

Dan Kitwood/Getty Images
5.7

Derek Hudson/Getty Images
6.1

Dominique Charriau/WireImage/Getty Images
5.1

Gary Kaye www.garykayeillustration.com
1.3, 2.17a–f, 2.38, 7.38, 7.39, 7.40, 7.41, 7.42, 7.43
Illustrations x10 (unnumbered, pp. 142–143)
Images x7 (unnumbered, pp. 152–153)

Hannah Jordan and Amy Morgan
1.5–1.8, 2.3–2.9, 2.10 (technical drawings)
2.13, 2.16, 2.18–2.21, 2.24–2.26, 2.28, 2.30–2.34, 2.36–2.39, 2.41, 2.43–2.46, 2.49–2.52, 2.54, 2.56, 2.58, 2.67–2.73
Layout of the pattern (pp. 58–59)
3.10–3.11, 3.14, 3.17, 3.19, 3.24, 3.25, 3.27, 3.29, 3.30, 3.32, 3.33, 3.37, 3.39, 3.40, 4.2, 4.3, 4.5, 4.8, 4.20, 4.21, 4.25, 7.27–7.32

Izumi Harada
Portrait, p. 62

James Stevens
Patterning cutting tools and equipment (pp. 2–3)
1.2, 1.4, 2.10 (photograph), 2.12, 2.14, 2.27, 2.29, 2.40, 2.47, 2.55, 2.57, 2.59–2.63, 2.65, 2.74–2.76
Tools for the technique (pp. 66–67)
Photograph 5 (p. 68)
Photographs 6–7 (p. 68) copyright
J. Braithwaite & Co. (Sewing Machines Ltd)/James Stevens
Photograph: 8 (p. 69)
Photographs 10–11 (p.69) copyright
J. Braithwaite & Co. (Sewing Machines Ltd)/James Stevens
3.2–3.9, 3.12–3.13, 3.15, 3.16, 3.18, 3.20–3.22, 3.26, 3.28, 3.31, 3.34, 3.35, 3.36, 3.38, 3.41, 4.4, 4.16–4.18, 4.19 (Courtesy of Courtney McWilliams), 4.24 (Courtesy of Yuki), 4.26–4.28, 5.8–5.11, 5.14, 5.15
Modeling tools and equipment (pp. 126–127)
6.2–6.5, 6.12–6.13
Supporting materials (pp. 144–145)
7.3, 7.4, 7.7, 7.8, 7.9–7.15, 7.16–7.17 (Courtesy of Caroline Gilbey), 7.18–7.24, 8.2–8.27 Haberdashery (pp. 182–185)

Jasmine Wickens
2.2

Jeff Spicer/Getty Images
7.5

© Josh Shinner
Portrait of Sheila McKain-Wald, p. 186

JP Yim/Getty Images
2.64

Keystone-France/Gamma-Keystone via Getty Images
7.44

Keystone-France/Gamma-Keystone via Getty Images
7.6

Kiran Gobin
1.9–1.11
4.29–4.31, 5.3–5.5, 5.12, 5.16, 6.10, 6.15, 6.20, 8.17

Liz McAulay/Getty Images
7.1

Loomis Dean/The LIFE Picture Collection/Getty Images
2.66

MARTIN BUREAU/AFP/Getty Images
7.36

Martine Rose
Portrait, p. 14

MIGUEL MEDINA/AFP/Getty Images
2.1

Miles Willis/Getty Images
4.1

Pascal Le Segretain/Getty Images
2.15

Rob Curry
Portrait, p. 136

Rosie Armstrong
Portrait, p. 168

Sharon Stokes © 2016
Portrait, p. 84

Shelly Strazis/Getty Images
3.1

STAFF/AFP/Getty Images
5.2

Stuart McMillan
Portrait, p. 120

Thomas Tait
Portrait, p. 106

Tim Whitby/Getty Images
2.48

Tim Williams 6.6–6.11

Valentina Elizabeth
4.9–4.14

Victor Boyko/Getty Images
4.15, 6.14

Victor VIRGILE/Gamma-Rapho via Getty Images
0.1, 0.2, 1.1, 2.22, 4.7, 4.22, 5.6, 5.13, 7.26, 7.45, 8.1

Vittorio Zunino Celotto/Getty Images
4.6

All reasonable attempts have been made to trace, clear, and credit the copyright holders of the images reproduced in this book. However, if any credits have been inadvertently omitted, the publisher will endeavor to incorporate amendments in future editions.